探索天下·学生版

U0876648

动物未解之谜

Dongwu Weijie Zhi Mi

郑丽萍◎主编

北京出版集团公司
北京教育出版社

探索世界的奥秘，

爱因斯坦曾说过：
“探索奥秘对于人类而言，是美妙的事情。”

“探索天下 · 学生版”系列丛书是一把为你打开奇妙新世界的钥匙，翻开这套书，你会看到：

新奇知识大搜罗

关于你对未知世界的诸多疑问，这里没有答案，只有关于未知世界的1001个问题，而答案等待你来寻找！

真实世界大展示

真实、理性、科学的事实陈述，高清、丰富、多角度的图片呈现，让你更直观、更清晰地了解未知世界！

神秘世界大发现

深海的宝藏、外星人的基地、会动的植物、恐龙的DNA、神奇的金字塔、瑰丽的海底世界……世界的每一个角落都藏着谜团，等待你去寻找，去破解！

我们不要枯燥，不要呆板，要让科学好玩起来！

找到属于你的答案！

探索未知，拓宽知识视野；
发现新知，培养创新精神。

1

你是否对远古时代或传说中的动物感到好奇呢？比如，灭绝的恐龙、中国神话中吞云吐雾的龙、传说中的美人鱼……

2

你会了解到一些动物的小秘密。比如，勤劳的蜜蜂竟然“吸毒”？凶恶的鲨鱼还能抗癌？藏在石头里的蟾蜍已经100万岁了？……

3

你可能会对动物界的奇闻趣事比较感兴趣。比如，有的动物能像孙悟空那样画禁圈；有的动物则能占卜吉凶；有的动物还能变性；等等。

4

另外，还有已破解的动物谜团惊喜奉送。比如，螃蟹为什么横着走路？孔雀为什么会开屏？蛇怪蜥蜴为什么会“水上漂”的功夫？……

图书在版编目（CIP）数据

动物未解之谜 / 郑丽萍主编. —北京：北京教育出版社，2017.1
（探索天下 · 学生版）
ISBN 978-7-5522-8092-0

Ⅰ. ①动… Ⅱ. ①郑… Ⅲ. ①动物－青少年读物 Ⅳ. ①Q95-49

中国版本图书馆CIP数据核字（2016）第177449号

探索天下 · 学生版

动物未解之谜

郑丽萍 / 主编

*

北京出版集团公司
北京教育出版社 出版
（北京北三环中路6号）
邮政编码：100120
网址：www.bph.com.cn
北京出版集团公司总发行
全国各地书店经销
北京画中画印刷有限公司印刷

*

710mm × 1000mm　16开本　20印张　280千字
2017年1月第1版　2019年12月第4次印刷

ISBN 978-7-5522-8092-0
定价：49.50元

版权所有　翻印必究

质量监督电话：（010）58572832 58572393
如有印装质量问题，由本社负责调换

目录

CONTENTS

第一章 远古、传说动物

第二章 无脊椎动物

第三章 鱼　类

第四章 两栖动物和爬行动物

第五章 鸟 类

第六章 哺乳动物

第七章 动物界的奇闻逸事

第八章 已破解的动物谜团

第一章

远古、传说动物

几乎每个国家或民族都有充满神秘色彩的传说动物，如龙、凤、海怪等。那么，这些动物是在现实世界中确实存在，还是人类虚构出来的？快进入本章了解一下吧！

天降巨龙之谜

在东方一些国家中，龙是吉祥、权威、高贵的象征，有关龙的传说数不胜数。那么龙这种动物真的只存在于传说中吗？人们为此争议了数千年。

尊贵的“九不像”

麋鹿因为模样奇特而被称为“四不像”，但和龙相比，它们差远了。在中国，龙可谓“九不像”，“角似鹿，头似驼，眼似鬼，项似蛇，腹似蜃，鳞似鱼，爪似鹰，掌似虎，耳似牛”。龙的样子虽然奇特古怪，但数千年来，龙一直是中华儿女崇拜的对象，呼风唤雨、英勇善战、足智多谋、正直刚烈、法力无边……人们似乎把所有美好的品德和特质都集中到了龙的身上。

存在的可能性不高

多数人认为，龙只是传说中的动物。理由看上去很充分：龙的形象

七拼八凑，人为创造的痕迹明显；没有翅膀却能飞，违反常识；相关记载虽多，但从未有过目击证据；龙若真的存在，不可能在科技发达的现代还寻不到踪迹；“龙吸水”现象完全可以用科学知识解释清楚；等等。

天降巨龙，是真是假

也有一些人坚信龙在现实中是存在的。他们这样推测的最大依据就是多起坠龙事件。在我国，最知名的当数营口坠龙事件。

1934年夏天，辽宁营口大雨滂沱，久久不停，空气中弥漫着一股腥臭味。据传，有人在芦苇塘中看见一具约10米长的怪兽骸骨，头上长着长长的角，和传说中的龙非常相似。消息传出后，周边的人纷纷赶去观看，还拍下了照片。2004年，一位老人出示了几块骨头，说是从当年的那具怪兽骸骨上取下来的。只是，几块骨头和留存下来的骸骨照片，并不足以证明那只怪兽就是龙。有些人称那具怪兽骸骨也是人为拼凑的，但是他们也拿不出骸骨照片作假的证据。

看来，要找出龙存在的确凿证据，人们还需继续探索下去。

凤凰原型之谜

假如鸟类中也有选美大赛，最美的鸟一定非凤凰莫属。不过，孔雀、天鹅、天堂鸟等很可能百般不服，起码它们个个都是自然美，而凤凰存在于现实中的可能性极低不说，还有“整容”之嫌。

东拼西凑的美禽

看看凤凰的模样吧：鸡喙，燕颔，蛇颈，龟背，鱼尾……不仅集多种鸟的外形优势于一身，连蛇、龟、鱼等动物的特长也安在了自己身上，被批“东拼西凑”“整容”，实在不冤。

如果鸟类选美大赛没有“原生态”这一限制的话，凤凰夺魁就没有谁不服气了。那么，凤凰夺魁，究竟谁的功劳最大？换句话说，凤凰的原型是哪种鸟呢？至今没有定论。下面我们请众位禽鸟谈一谈。

天堂鸟

天堂鸟说：外形说明一切

我们天堂鸟又叫极乐鸟，名副其实，看起来极为赏心悦目。极乐鸟体态华美，一身羽毛艳丽而耀眼，拖在身后的尾羽不仅光彩照人，而且长度占据了整个身体的二分之一以上。这些特征都同凤凰颇为相似。所以，凤凰获得的荣耀都该为我们天堂鸟所有。

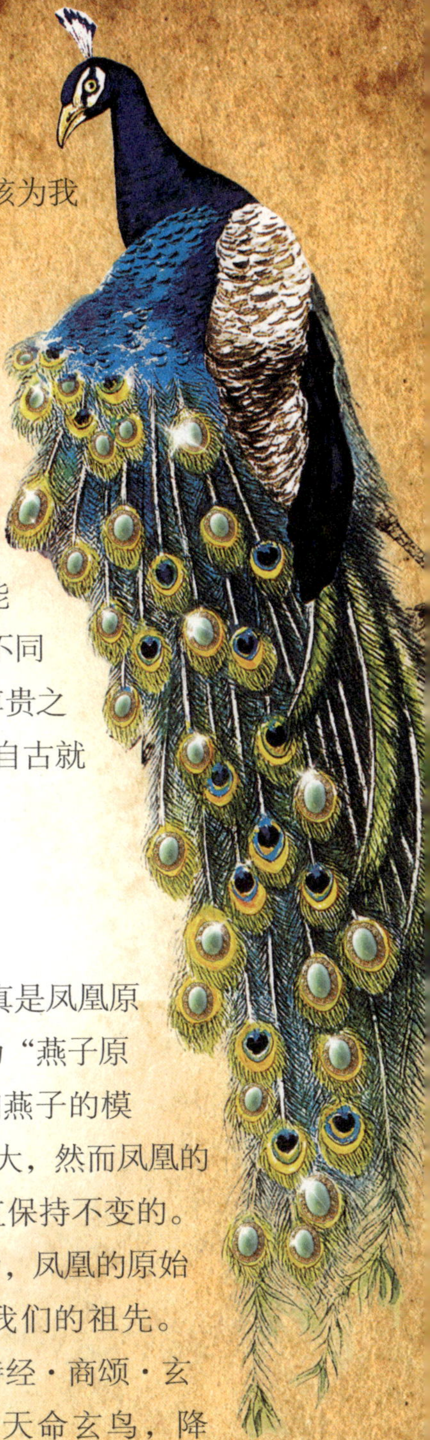

孔雀说：体形很重要

天堂鸟的确和凤凰很像，但个头儿差得是不是远了点儿？而且天堂鸟主要分布在新几内亚及其附近岛屿，少数种类见于澳大利亚北部、马鲁古群岛，原产地也不是中国，中国古人怎么可能根据一种不认识的鸟设想出凤凰来？我们孔雀就不同了，和凤凰一样，自古就是备受人们尊崇的华美尊贵之鸟，不仅模样相似，体形大小也相近，而且中国自古就有孔雀。显然，“孔雀原型说”更靠谱。

燕子说：多看看古书

孔雀说的不无道理。可惜的是，如果孔雀果真是凤凰原型，为什么中国古人却极少提及呢？千万不要以为“燕子原型说”是无稽之谈。我们燕子的模样和凤凰的确相差很大，然而凤凰的形象可不是一直保持不变的。很多人认为，凤凰的原始形象就是我们的祖先。比如，《诗经·商颂·玄鸟》中提到“天命玄鸟，降而生商”。王逸在《楚辞·离骚》中注：“玄鸟，燕也。”玄鸟的初始形

象很可能就是我们燕子，后来才逐渐演变成了凤凰。

雉鸡说：内外兼具是硬道理

红腹锦鸡

凡事都要讲求证据，若说起凤凰原型，没有比我们雉鸡家族证据更充分的了。不信？你可以拿着凤凰的图片同我们家族中的红腹锦鸡、白腹锦鸡等对照一番。

首先，从外形上看，凤凰和雉鸡都身形纤美，脖颈如蛇，羽毛五彩绚丽，尾羽修长、雅丽。

由古代留传下来的画作中，也能看出两者的相似处：古代卜辞中的一些象形“凤”字，与雉类的形象很接近；战国时期楚国墓中有一幅帛画，画中的凤凰酷似雉鸡。

其次，在精神层面，凤凰和雉鸡也是相通的。雉鸡性情强劲，而古代人民常祈求凤凰驱祟保平安，以获强大的精神寄托。

此外，雉鸡在中国古时就分布广泛，与人类的关系较密切。相对于稀有生物，人们显然更容易根据常见之禽创造出祥瑞之鸟来。

鸵鸟说：习性上占优势

雉鸡家族的代表一点儿也不谦虚。若说凤凰的原型是鸵鸟，估计很多人会大跌眼镜吧？别急，看看我们家族收集的证据吧，一点儿不比雉鸡的少。

> **知识快递**
>
> 凤凰是古代传说中的百鸟之王，凤为雄性，凰为雌性。
>
> 凤凰主要有：赤色的凤、青色的鸾、黄色的鹓鸰、紫色的鹙鹭。
>
> 在传说中，凤凰是不死鸟，可浴火重生。

据相关文献记载，凤凰背部隆起，脖颈细长，嘴尖足高；以植物为食，好集结成群，善于步行，行走步态高傲且酷似起舞。这些特点，我们鸵鸟统统具备。

有些人认为中国古时没有鸵鸟，所以“鸵鸟原型说”不攻自破。这种说法是不严谨的。人们在内蒙古的阴山地区，以及阿拉善右旗曼佐拉山中，都曾发现过相关史前原始壁画，壁画中明显绘有鸵鸟形象，且鸵鸟是作为太阳神之鸟接受人们朝拜的。

怎么样？各位评委，请把凤凰获得的奖状给我们吧！

凤凰的原型到底是什么，看来尚难做出明断。

“恶魔鸟”之谜

林雕鸮

“乌鸦叫，祸来到。”“不怕夜猫子叫，就怕夜猫子笑。”在中国民间，一直有鸟因为叫声难听而蒙受不白之冤，典型的例子便是乌鸦和猫头鹰。殊不知在国外，也有类似的“冤假错案”。

只闻其声，难见其形

在斯里兰卡某地区，传说有一种鸟，可谓“神龙见首不见尾”。它们极少将真面目显示于人前，但毫不忌讳展示自己独特的“歌喉”。它们叫起来声音尖刺而恐怖，仿佛女人的哭声，又像传说中魔鬼的嘶鸣，难怪当地人称其为“恶魔鸟”，并认为其声音是死亡的前兆。

恶魔鸟行踪诡秘，叫声又恐怖至极，几个世纪以来，都没有多少人敢去寻觅它们的真面目，只隐约知道其头上有角。若不是有声音为证，人们肯定只把它们当成一个传说。

林雕鸮

“恶魔”现形真假未定

恶魔鸟以它们邪恶的令人生畏的尖叫而闻名，自然逐渐引起了科学家的关注。经过一番调查，2001年，许多科学家认为这种鸟是猫头鹰的一个新品种，即斑点大肚猫头鹰，又叫林雕鸮。林雕鸮是斯里兰卡地区最大的猫头鹰，“恶魔之角”是其头上的耳簇羽。和其他猫头鹰一样，它们只是叫声难听而已，远非邪恶之鸟。

林雕鸮并非斯里兰卡独有，在印度、尼泊尔、锡金、不丹、缅甸、泰国、老挝、越南，及中国四川、云南的部分地区也有分布。

林雕鸮和不祥无关，但在其他动物眼里，它们是不折不扣的恶魔。不仅雉鸡、野兔、鼠类、蜥蜴、蛇等常常成为它们的盘中餐，就连体形大如孔雀、豺、幼鹿一类的动物有时也难逃其“鬼牙魔爪”。

不过对于恶魔鸟的真实身份，很多人抱有其他看法。反对者称，如果恶魔鸟的确是林雕鸮的话，根本不至于直到21世纪才被人揭开真面目。看来，就目前而言，我们只能说林雕鸮是最符合恶魔鸟现实原型的动物。

火鸟之谜

恶龙能喷火，凤凰能浴火而生、而舞，这些是传说中经常发生的事。那么，现实中有可以喷火、放火的生物吗？

神秘纵火贼

20世纪80年代中期，在波多黎各首都附近，熊熊大火从天而降，吞噬了周遭的楼房，夺走了许多人的性命。当地政府又愤又急，紧锣密鼓地调查火因。消防人员开始认为，这场连续而发的大火是住户疏忽大意或儿童玩火造成的。大火破坏了现场，警方调查一番后，没有找到任何人证或物证。

就在人们一筹莫展之时，有目击者站出来说："纵火犯不是人，而是一种鸟。"接着，不少人开始附和，称火灾前在受灾区域上空出现过一些光耀夺目的鸟，它们体形很大，有的双翅展开有4米多宽，不断向外喷发火舌。

卡拉雷斯的恐怖发现

目击者的说法大多比较含糊，但一个叫阿·卡拉雷斯的生意人则给出了详细的描述：

那天，天色刚刚黑下来，卡拉雷斯从市中心回到家，突然闻到空

气中散发出一种强烈刺鼻的臭味，头顶还有噼里啪啦的怪声。他抬头望去，顿时目瞪口呆，只见几只火鸟从天而降，朝一家商行的楼顶俯冲而去。火鸟周身噼啪作响，火舌四射，它们的体形有些相当大，有些又特别小，不善飞行，落在哪里，哪里便会燃起熊熊大火。

飞碟专家目睹火鸟

如果说生意人的说辞缺乏科学性，那么飞碟专家的坚持又作何解？西班牙飞碟专家费·萨利瓦多调查波多黎各离奇火灾时，在一个村子里也目睹了火鸟。当时，天将破晓，一群火鸟在空中低飞而过，几乎碰到房顶，身上散发出一股类似臭氧的怪味，飞了一会儿，就迅速消失了。

萨利瓦多称，他当时抢拍到了几个火鸟的镜头。不幸的是，在冲洗胶卷进行显影处理时，发现这些镜头都跑光了。

尽管目击者说得头头是道，但火鸟之说实在离奇，直到现在，人们还没给这场火灾定案。

火鸟作案非一起

波多黎各可不是第一个被火鸟袭击的地方。据文献记载，公元前106年，罗马上空曾出现过“火红的巨鸦”，巨鸦嘴里叼着通红的火炭，火炭往下一掉，立刻火灾四起，几乎半个罗马城都被大火吞噬。中世纪时，火鸟又袭击了法国和葡萄牙的部分地区。总之，火鸟飞到哪里，哪里便会发生不可遏制的火灾。

火鸟或是外星人

火鸟到底存不存在？人们至今也没有拍到一张这种生物的照片，也没有明确的证据资料。一些科学家认为，所谓的火鸟其实是来自外星的纵火生物，这种生物天性爱玩火，它们的活动具有某种智能性特点。这种观点比火鸟论还要离奇，拥护者甚少。

火鸟或是火球

1970年，一个火球摧毁了埃塞俄比亚的萨拉达尔小城。火球在空中

缓慢移动，飞到一个悬崖上停了下来，又向相反的方向移动。在后来的科学著作中，这个火球被描述成火流星。

1985年，美国得克萨斯州的两名巡警驱车巡查时，遭遇了一个几百米高的火柱，差点儿丧命。科学家鉴定后发现，火柱是由两个球形闪电撞击而产生的。

1994年，一场起因不明的大火袭击了西班牙的一处森林，俄罗斯消防队员前去灭火。扑火时，消防队指挥索·维托少校称在几棵大树后发现了古怪的闪光的大火团。尽管当时下着倾盆大雨，火团却丝毫不受影响。这个火团同样被认为是球形闪电。

由此可见，火流星或球形闪电同样能到达地面，且会携带古怪刺激的味道。那么，火鸟是否就是这些从天而降的火球呢？这个谜团至今悬而未解。

狼狈为奸的“狈”真的存在吗

传说狼和狈臭味相投，经常一同外出捕获牲畜，狼用前腿，狈用后腿，它们配合巧妙，取长补短，既跑得快，又能爬高。后人以此比喻人互相勾结干坏事。狼这种动物，我们很熟悉；提起狈，争议就大了。

目击事件

1956年冬天，有人曾于山西目击过狈。当时，一辆卡车在山区发生故障，其他人结伴去附近求援，车上只留一人把守。后来，一群狼发现了卡车，将其团团围住，留守的人先后用了开大灯、按喇叭等方法，都不能驱散狼群。而狼一时也找不到攻击人的办法。过了一会儿，有两只狼离开了，回来时一只狼背上背着一只狼一样的动物。该动物狡猾成性，指挥狼排成一排，轮番来撞车门。多亏其他人及时赶回来，吓走了狼群。人们发现狼背上的那只动物就是传说中的狈，因为它前腿短，后腿长，慌乱之余被狼丢在地上，连路都走不了。

类似事件还有很多。在这些事件中，人们描述的狈有两个共同点：一是前腿短，后腿长；二是狡猾成性，是狼群的军师。

并非狼的近亲

有观点认为，狈是狼的近亲，因为前腿短，不具备独自生活的能力，需要狼的背负才能行动。这种说法准确度很低，科学界目前没有关于这种动物的确切记载。况且，“物竞天择，适者生存”，动物在自然界繁衍生息是一件很不容易的事情，如果狈是一种有先天重大缺陷的动物，这是违背生物进化论的。

此外，狼是一种族群观念特别强的动物，只会帮助家族内的成员，连与外族的狼都是敌对关系，又怎么会帮助连狼都不是的狈呢？

断腿的狼

现在，人们普遍认为狈其实是被捕兽夹夹断前腿的狼。虽然断了腿，但家族的其他成员不会弃残疾的同伴于不顾，会将其放在自己的背上，一同行动。

20世纪50年代左右，人们曾在东北地区的猎狼行

动中，看到狼背着“狈”逃跑的现象。捉到狈后，才发现那只是一只被捕兽夹夹断前腿的母狼，背它行进的是一只公狼。当时，公狼正是因为没有放弃伴侣及时逃命，才被猎杀。

畸形的狼

还有一种观点认为，狈是畸形的狼。清代就有相关解释：“狈，兽名，狼属也。生子或欠一足二足者。相附而行，离则颠。”意思是：狈的确存在，它们是狼生下的畸形后代。由于两条前腿发育不全，行进时才要趴在身体健全的同伴身上；狈一旦脱离了狼的帮助，就会跌倒难行。在现实中，人们的确发现过这种畸形的狼，只是比较罕见而已。

美人鱼之谜

你最喜欢安徒生的哪部作品？很多人的答案是《海的女儿》。是呀，小美人鱼美丽善良，为了王子的幸福，不惜牺牲自己，化为泡沫，的确令人感动。然而，在现实中，真的存在美人鱼吗？

可怕：美人鱼或是丑八怪

关于美人鱼的描述可谓五花八门，但有一点是基本相同的。那便是，美人鱼以腰部为界，上半身看起来酷似女人，下半身则是披着鳞片的鱼尾。

在世界各地的相关传说中，美人鱼常常是噩梦的象征，她们会用美妙的歌声诱杀年轻人，还会用飞鱼攻击人类……

在很多人的脑海里，美人鱼个个美丽迷人，所以名字中才有“美”字。不过，一些自称见过美人鱼的人却说，美人鱼其实身体粗糙，和美丽完全不搭边。更令人失望的是，她们的心灵似乎也丑陋不堪。

可惜：有力的证据少之又少

从古至今，总有人说自己看到了美人鱼，甚至掌握了美人鱼的尸骸。只是，这些都缺乏足够的证据，许多还有伪造之嫌。

比如，18世纪中叶，英国伦敦曾经举办过美人鱼标本展览，轰动一时。后来，科学家经查验认为，这些标本是人们拼凑出来的冒牌货。

再如，2013年6月，在以色列海法区亚姆镇上，很多人说看到了美人鱼，当地政府还发出了“悬赏令”，然而，没有一个人能拿出有力的证据。有人认为，这不过是当地为了吸引游客而策划的一次炒作。

争议：是人，是鱼，还是海兽？

没有证据能证明美人鱼确实存在，但也没有证据能证明美人鱼纯粹是传说。一直有人坚信，现实中的确有美人鱼这种生物，只是和人们想象的差别较大而已。

有研究者认为，灵长类动物在进化时出现了分支，除了向人类进化以外，还有一些进入海中生活，逐渐演变成了海猿。由于海猿的外形与人类相似，所以它们常被人类误认为美人鱼。

也有人认为，美人鱼虽然长得像人，但头部

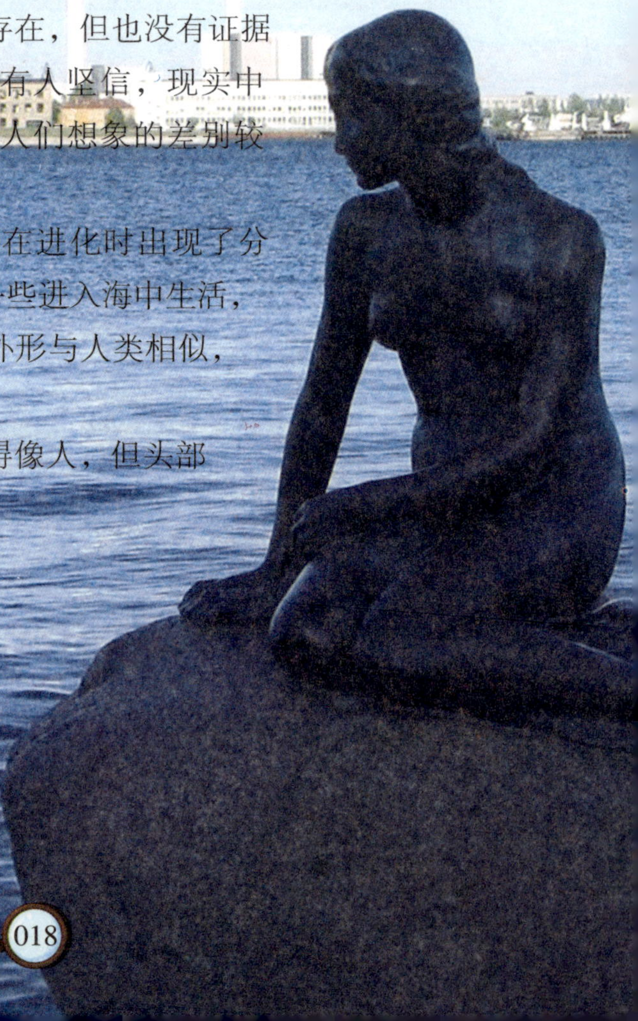

有鳃，靠鳃呼吸，属于鱼类。

更多的人认为，美人鱼其实是海牛（又称儒艮），是一种十分珍稀的海兽。雌性海牛的乳房如拳头般大小，位置与人类相似。当它们浮出海面哺乳时，远远看去，和女子有些相似，容易被人认作美人鱼。但反对者坚称，海牛喂奶的时候，身体是略侧着出于水面的，从来没有竖立于水面喂奶，和女子的样子相差很大，所以，把海牛等同于美人鱼是不妥当的。

海牛

美人鱼是否真实存在，目前尚无定论。

海牛

尼斯湖水怪之谜

尼斯湖是英国最大的淡水湖，数千年前因冰川融化而成。这里的湖水又冷又黑暗，即使现代潜水艇的强光也很难穿透，传说有神秘水怪藏身于此。

警惕！水怪出没

关于尼斯湖水怪的最早记录是在6世纪：爱尔兰传教士圣哥伦布和他的仆人在尼斯湖中游泳时，遇到一只可怕的水怪。

19世纪，当地目击者确信，有可怕的巨型动物在尼斯湖里游动。

1933年4月14日，一对夫妇在尼斯湖畔发现一只怪物从堤边跃入湖中。人们把这一天算作真正发现水怪的日子。

之后，关于水怪的目击事件逐渐多了起来，很多人称拍到了相关照片。不过这些照片很多是伪造的，比如1934年外科医生威尔逊拍摄的水怪图。

截至今时，据有关部门调查，“亲眼”见过尼斯湖水怪的人数已超过3000。

水怪很像蛇颈龙

综合各种目击报告，人们对尼斯湖水怪的模样进行了大致总结：身长约15米，脖子细长，脑袋呈三角形，背部有驼峰，全身灰黑色，行动迅速。这和蛇颈龙有些相似。只是蛇颈龙早在6500万年以前就灭绝了，而且蛇颈龙是海洋爬行动物，而尼斯湖是与海相隔很远的淡水湖，蛇颈龙是如何游到这里并适应淡水环境的呢？此外，尼斯湖的鱼群众多，如果有蛇颈龙这样的天敌存在，为什么它们所受影响甚小？

搜索行动，无功而返

为了一窥尼斯湖水怪的真面目，彻底解开尼斯湖水怪之谜，许多团体干脆直接去尼斯湖搜索。1934年，有人组织大规模搜索尼斯湖水怪的活动，20人辛苦了一整天，什么也没发现。

1987年，有团体耗资近千万搜寻尼斯湖水怪，唯一的收获是，确定尼斯湖水怪的体形大小在鲨鱼和鲸鱼之间。

2003年，英国广播公司组织搜寻水怪活动，依然没有任何发现，他们据此宣称尼斯湖水怪只是传说。

目击者可能被眼睛骗了

圆木、树桩等都可能被误以为是怪物

目击者发现的怪兽，有的在水上，有的在水下。科学家称，无论怪兽在哪里，肉眼所见都可能出现偏差和错误。在适当的距离和条件下，圆木、岩石、树桩、马的尸体、游动的动物都可能被误以为是怪物。有人做过这样的实验，在一个晴朗暖和的日子里，让一只动力小船在尼斯湖以一定的速度渐行渐远。船的行进造成向前推进成一线的波浪，这些波浪看起来很像某种怪物游过湖面。

照此看来，目击者被光影效果欺骗的可能性的确很大。只是，这些光影现象在很多水域都会出现，为什么偏偏会在尼斯湖这里造成诸多水怪出没的假象呢？

水怪可能是巨型海鳗

2006年，一个小男孩在尼斯湖边捡到了一枚巨型海鳗的鳞片。很多人怀疑所谓的尼斯湖水怪就是这些巨型海鳗，而且是丧失生育能力的巨型海鳗。

持这种观点的人认为，出生于大西洋东部地区的小海鳗游到了尼斯湖，因为这里食物资源丰富，一些因先天因素而丧失生育能力的海鳗不必在性成熟后回到海洋产卵繁殖，就整日在尼斯湖捕食。它们越长越大，当露出水面时，较容易被目击者误认成水怪。

动物趣闻

蛇颈龙不是恐龙。它们的头很小，脖子很长，口中有很多细长锋利的锥形牙齿，鳍脚大而有力，适宜在水里游动，以捕鱼为生。和恐龙不同，蛇颈龙不是卵生动物，而是卵胎生动物。

神秘的海怪之谜

在欧洲神话中，有许多关于海怪出没或袭击船只的描述。人们曾普遍认为，海怪不过是古时人们的想象而已。然而现在越来越多的证据表明，大海中的确有海怪存在。果真如此吗?

海怪捕鲨鱼

1953年，一位澳大利亚潜水员在深海中潜游时，被一只4米多长的鲨鱼盯上了，奇怪的是，鲨鱼并没有攻击他的意思，只是跟着他潜游。当潜水员到达一处暗礁时，停了下来。因为暗礁下是黑黝黝的海沟，令他产生一种不祥的预感。果然，随着海水骤然变冷，一只巨型怪物从海沟中冒了出来，它足有一个球场那么大，扁扁的，呈深褐色，像个大被单，能慢慢地伸缩。潜水员吓得一动不动。好在“被单”怪物捕获鲨鱼之后，渐渐消失在海沟中，没有伤害到他。

多是巨型海怪

澳大利亚潜水员并不是唯一一位目睹海怪的人。1966年，美国一位目击者称，看到一只头部像牛一样的海怪，它长着长脖子，没有角也没有耳朵，两眼能放绿光。

或为远古动物的后代

很多人认为海怪是史前海洋动物的后代，矛尾鱼就是一个很好的证明。矛尾鱼曾被认为是一种约7000万年前就灭绝了的远古大鱼，但自1938年开始，人们已经捕获了数十条矛尾鱼。这种鱼是因为生活在非洲东南沿海一处神秘淡水水域中，才得以幸存的。矛尾鱼能如此，远古海怪在特定环境下繁衍至今自然不是天方夜谭。

仍是未解之谜

即使是现在，人类对海洋的了解也不过是边边角角。海洋中有太多禁区或神秘地带，那里若隐藏着神秘的海怪，实在不算稀罕事。上述观点只是人们对海怪的一种较为合乎逻辑的解释，但由于缺少证据和可靠资料，还远谈不上解开了海怪之谜。

“大脚怪”之谜

大脚怪，顾名思义，就是生有巨大脚丫的怪物。传说，它们身材庞大却行动敏捷，被发现后总能迅速撤离，除了一些大脚印外什么也不会留下。

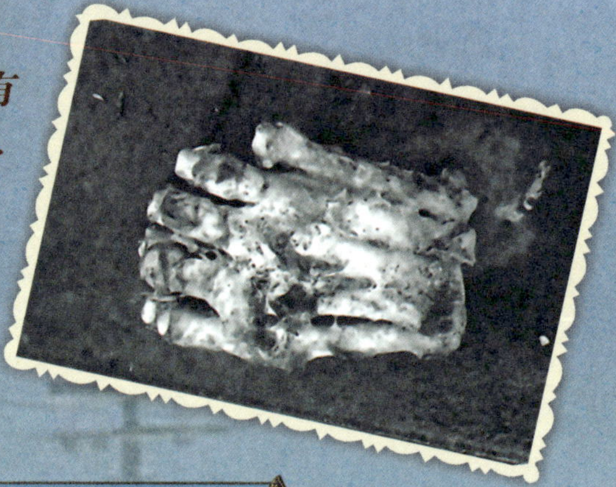

侥幸的伐木工

1924年，一个叫奥斯特曼的伐木工人去加拿大温哥华岛对面的吐巴湾寻找金矿。夜深后，他正躺在睡袋里休息，忽然发觉自己被抱了起来。天亮后，他从睡袋里钻出来，发现自己处在一个陌生的地方，周围有6个大脚怪。大脚怪没伤害他，但不肯放他走。直到6天后，他才逃出去。

倒霉的探矿者

1924年，一群在美国探矿的人也发现

了两个大脚怪。探矿者惊恐之余，迅速开枪。一个大脚怪中枪逃走，另一个则坠崖而亡。逃走的大脚怪气急败坏，当天夜里，伙同众多同类找探矿者报仇。它们拿着石块，用力击打房屋，毫不畏惧人类发射的子弹。幸运的是，房屋十分坚固，大脚怪无法得逞，只好败兴而归。

探矿者大难不死，待大脚怪远去后，草草收拾好东西，逃之夭夭了。

酷似灵长类

大脚怪究竟是什么呢？有人称自己录到了它们的声音，听起来既像狗叫，又像人痛苦的惨叫。有人经过分析，认为这种声音的声波不属于人类和机械声，与灵长类动物比较相似。还有人称弄到了大脚怪的血液和毛发，也与灵长类动物类似。

遗憾的是，不论是大脚怪的叫声，还是它们的血液和毛发，来源都不明确，这就使得其真实性大打折扣。相对而言，与大脚怪有关的照片倒有一些，但许多都是伪造的，剩下那些照片的真实性也有待考证。

或是巨猿的后代

许多科学家认为，大脚怪可能是巨猿的后代。巨猿生活在100万～30万年前，高达2.5～3米，其中食竹巨猿重达300多千克。有人推测，巨猿没有灭绝，它们的后代或变种很可能生活在深山老林里，被人误认为大脚怪。

由于证据不足，这只能算是猜想。想揭开大脚怪的真面目，光有目击事件和所谓的照片可不行，必须得找到大脚怪的活体或尸体样本。

驴头狼之谜

湖北省的神农架原始森林是中国的天然宝库，也是享誉中外的秘境。传说，那里时常有形形色色的怪兽出没，驴头狼便是其中之一。

古怪的偷猪贼

1953年的一天，湖北省新华乡的一个村民来到猪圈，正要给猪添食，忽然看见一只狼身驴头的怪物正在猪圈里吃小猪。他又急又怕，大喊大叫，虽然吓得驴头狼落荒而逃，但8只小猪却一头也没救下。

驴头狼不仅头似驴，叫声也和驴相似。据目击者描述，1968年，一只驴头狼总在东溪乡周围转悠，体形似牛，叫声如驴。一时间，东溪乡人心惶惶，村民终日躲在家里不敢出门。

给驴头狼画像

驴头狼具体是什么样子的呢？在湖北省神农架周边多个乡镇的居民都目击过这种动物，有的人还近距离观察过。

1981年冬天，一个石屋头村的青年农民看见一只驴头狼正在河边喝水，它身高1米多，体长约2米，耳朵长约0.3米，头似驴，嘴巴似马，颈后有鬃毛，看到人后就立刻逃走了。

1982年夏天，一个田家山乡的村民在当地也看见了一只驴头狼，他端起枪，一枪结束了驴头狼的性命。这只驴头狼身高约1.5米，体长约2米，体重约100千克，腿细长，尾巴粗长，除腹部有少量白毛外，一身灰毛。简而言之，它酷似一只大灰狼被换上了驴头。

是驴还是狼

驴头狼究竟是狼还是驴？现在还给不出确切的答案，因为没找到一只供相关专家研究的驴头狼活体或尸体标本。

有些人猜测，这些目击事件多不可信。有些人推测，驴头狼既不是狼也不是驴，而是沙犷。沙犷的头部和身体像驴，脚趾上生有锋利的爪子。虽然人们普遍认为沙犷在数百万年前就灭绝了，但一些幸运儿在神农架残存至今，也不是没有可能。

独角兽之谜

在我国古装剧中，我们常常看到达官贵人在进食前，用银针在食物里插一插。他们认为，若银针变色，便代表食物有毒。而在古时的西方宫廷，人们更喜欢用独角杯试毒。据说独角杯正是用独角兽的角制成的。那么独角兽是否真的存在过？

形象多似马

独角兽是传说中一种头顶正中长有一只角的动物。西方神话传说中的独角兽酷似白马，角是螺旋形的，代表高贵、骄傲和纯洁，有的还有一双圣洁的翅膀。而在有的记载中，它们长得更像山羊。还有的将其描述为由多种动物拼凑而成的凶兽——象身、狮尾、羊头。

不论形象如何多样，这些独角兽都有一个共同点，那便是头上的独角都是解毒珍品。

珍贵的独角化石

现在，头上长有独角的动物种类很少，最为人所熟知的是犀牛。不过，犀牛的形象和独角兽相差甚远，显然不是独角兽的原型。

1663年，有人在德国的哈尔茨山脚下发现了一具奇兽化石。这具化石的头上长有一只又粗又长的角，角顶端呈螺旋状。遗憾的是，化石在移动过程中遭受重创，只留下了头骨、角、肋骨和脊椎骨的残片。一些专家认为，这只奇兽可能是独角兽，但反对者更多。生物学家认为，那只所谓的大角其实是猛犸象或大象的长牙。还有人称，独角兽其实是已经灭绝的爱尔兰大角鹿。

新说法：基因突变的产物

2008年，在意大利一家动物园里，一只10个月大的小鹿头上长出了独角。就在当地人兴奋不已时，自然科学研究中心泼来了冷水。研究人员说，小鹿生独角是基因突变的结果，这或许可以解释传说中的谜题，即近亲繁殖引发基因突变，从而使得少量独角兽出现。不过，这只是一家之言。

独角兽究竟是哪种动物呢？或者说，独角兽到底存不存在呢？要知道答案，我们只能等待更多科学证据的出现了。

恐龙灭绝之谜

人类能在地球上繁衍生息，要感谢的东西实在太多了，比如太阳、空气、水，比如其他动物、植物、微生物。感谢名单上很可能还要加上6500万年前那颗火爆的小行星，或者骤然变冷的气候，或者强烈的酸雨……要不是某种原因导致恐龙灭绝，人类哪能有出现的可能呢？

小行星撞击说

小行星撞击说认为，大约6500万年前，一颗小行星迷路了，它脱离自己的运行轨道，一头撞到了地球上。这下地球可遭了殃——火山肆意地喷溅岩浆，地震频频发生，海面上掀起狂波巨浪。整个地球被浓浓的火山灰覆盖，不见天日，植物无法进行光合作用，植食性恐龙纷纷饿死，肉食性恐龙也

随之彻底消亡。

为什么科学家将罪名安在小行星头上呢？这是因为，1980年，人们在约6500万年前形成的地层中发现了高浓度的铱，其含量超过正常含量几十倍甚至数百倍。这样高浓度的铱在地球上是无法形成的，只能在陨石中找到。于是，科学家提出了小行星撞击说，并推测这颗小行星直径有10千米，撞击地球后产生的陨石坑直径可能超过100千米。后来，人们果真找到了这个大陨石坑，它位于北美洲尤卡坦半岛的地层中，直径在180千米到300千米之间。

还有人认为，当时撞击地球的小行星有2颗。不管怎样，小行星都是导致恐龙灭绝的最大“嫌疑犯”。

可以确定的是，如果恐龙不灭绝，人类根本不可能出现，但导致恐龙灭绝的罪犯究竟是不是小行星，争议一直不断。

有科学家称，的确有小行星在6500万年前撞击了地球，不过这颗小行星只做了灭绝恐龙的扫尾工作而已。假如小行星撞击地球时，地球上的众多生物仍然存在，那么，撞击产生的大火燃烧森林后，势必会在相应时代的岩层中留下痕迹。然而，科学家几乎走遍了北美大陆，都一无所获。由此可见，6500万年前，小行星撞击地球的时候，恐龙等生物已经快消亡了。

小盗龙化石

综合因素论

如果小行星的确被冤枉了，那么是什么因素导致恐龙灭绝的呢？越来越多的科学家认为，“罪犯”有好几个，这就是“综合因素论”。

通过对远古环境进行模拟分析，有人认为，在白垩纪和第三纪交界之前的1000多万年里，恐龙的生活环境就在显著恶化。当时，海平面急剧下降，沿海植被变得匮乏，恐龙的自然栖息地逐渐减小。食物和生活空间的减少，让恐龙面临第一波灾难，这时大约有40％的恐龙种类走向灭绝。

接下来，地球进入规模最大的火山喷发时期，火山喷发几乎达到全球化。于是，大量土地被侵蚀，平均气温上升了约8℃，海啸、地震等自然灾害蜂拥而至，这些都严重打击了恐龙家族。最后，已经在苟延残喘的恐龙们又遇到小行星撞击地球事件，便彻底灭绝了。

低温致死论

坚持低温致死论的人也不在少数。他们认为，6500万年前，地球气候陡然变冷，温度不断降低，大气含氧量不断下降。恐龙本是冷血

动物，身上没有毛和保暖器官，受不了寒冷的侵袭和呼吸不畅的折磨，很快走向灭绝。

五花八门的其他观点

对于恐龙灭绝，还有诸多观点。

酸雨说：白垩纪末期可能下过强烈酸雨，酸雨落入土壤、河流，污染植物和水源，导致恐龙灭绝。

植物中毒说：白垩纪出现的被子植物，含有微量毒素，植食性恐龙食量惊人，导致体内毒素越积越多，纷纷毒发身亡，不久，以植食性恐龙为食的肉食性恐龙也走向灭绝。

物种斗争说：白垩纪末期，小型哺乳动物出现了，它们经常偷食恐龙蛋。大块头的恐龙奈何不了这些小家伙，最终“蛋”尽而亡。

关于恐龙灭绝的真正原因，人们还在不断进行研究。

猛犸象灭绝之谜

猛犸象是古哺乳动物，大小和现代象差不多。猛犸象是大象的远亲，对于其灭绝的原因，现在还没有定论。

庞大的长毛象

猛犸象身高体壮，腿很粗壮，头特别大，嘴部长出一对弯曲的大门牙。从侧面看，肩部是身体的最高点，从背部开始往后很陡地降下来，脖颈处有一个明显的凹陷。

一头成熟的猛犸象，身体长达5米，身高约3米，身上的长毛是棕色的。因为长着又长又密的毛，猛犸象也被称为长毛象。

灭绝观点一：成也长毛，败也长毛

猛犸象生活在更新世晚期的寒冷地区。那时候的地球不像现在这么暖和，就算是赤道附近也很冷。猛犸象的长毛和脂肪可以起到很好的保暖作用。

随着冰川时代的结束，地球越来越暖和，猛犸象一身的长毛便成了负担。为了避暑，它们只能一直向北方迁徙，有些老弱病残就在迁徙过程中死掉了。在迁徙途中，还发生了一个严重的问题，那就是适宜猛犸象生存的地方越来越小，食物也越来越少，猛犸象很可能因此一步步走向灭绝。

灭绝观点二：天寒地冻惹的祸

和上述观点相反，另一种观点坚持猛犸象因气候变冷而灭亡。当时，越来越冷的气候使青草变得匮乏，草原被森林或苔原所取代。猛犸象缺少食物，又缺少栖息地，遂走向灭绝。

灭绝观点三：肉质鲜美埋祸根

猛犸象的灭绝也可能和人类的贪婪有关。冰川时代后期，猛犸象饱受高温之苦，数量渐趋减少。而那时的人类变得活跃，为了得到鲜美的猛犸象肉，人类贪婪无度地猎杀猛犸象，最终使其在地球上消失。

究竟是气候的变化无常还是人类的贪婪无度导致了猛犸象的灭绝，至今尚无定论。

探索·发现
——远古十大灭绝物种

如今，灭绝的物种有如恒河沙数。然而，有些动物一直被时间所铭记。因为它们在当时的生态环境中，具有举足轻重的地位。

NO.10 短面熊

霸气指数：★★★☆☆

知名指数：★☆☆☆☆

短面熊生活在2100万~200万年前，站立时高过4米，平均体重在1600~1700千克，是迄今发现的地球上体形最大的熊。

NO.9 爱尔兰大角鹿

霸气指数：★★☆☆☆　知名指数：★★★☆☆

爱尔兰大角鹿高3米左右，鹿角硕大，两角之间的距离可达3米。鹿角赋予它们王者之风，却也令其行动不便，使其常常困于林间，最终导致它们于约7700年前灭绝。

NO.8 西伯利亚板齿犀

霸气指数：★★★☆☆

知名指数：★★☆☆☆

西伯利亚板齿犀体长6米多，奔跑起来像一匹马，用将近2米长的犀角抵御侵略者的攻击。它们是到处惹是生非的“独角兽”。它们生存于中新世至更新世。

NO.7 泰坦巨蟒

霸气指数：★★★☆☆

知名指数：★★★☆☆

泰坦巨蟒是已知最大的蛇类，体长9～15米，体重超过1吨，早在约5800万年前就已经灭绝。它们的模样没什么特别，不过是现代蟒蛇的放大物。

NO.6 剑齿虎

霸气指数：★★★☆☆

知名指数：★★★★☆

剑齿虎生活在300万～1万年前，口中长着一对长达十几厘米的锋利犬齿。两颗长牙让它们成为顶级杀手，威名远扬，却也加速了它们灭绝的步伐。

NO.5 骇鸟

霸气指数：★★★★☆

知名指数：★★★☆☆

骇鸟生活在距今6200万～200万年前，高1～3米，嘴大腿粗，跑起来比猎豹还快，双翅不能飞，但可辅助捕猎。它们是高阶的猎食者，并且与其他可怕的肉食性动物一同栖息。

NO.4 翼龙

霸气指数：★★★☆☆

知名指数：★★★★★

翼龙曾是天空之王，始见于侏罗纪，至白垩纪末期全部灭绝，其中最大的为风神翼龙。风神翼龙重约250千克，翼展可达12米长，有时飞行一次，甚至可以穿越半个地球。

NO.3 巨牙鲨

霸气指数：★★★★★

知名指数：★★★☆☆

巨牙鲨的体长是现代鲨鱼的2倍，至少有15米长。这个远古“猎杀机器”长着异常锋利的牙齿，每颗牙齿都像一把尖刀一样。巨牙鲨大约在200万年前灭绝。

NO.2 沧龙

霸气指数：★★★★★

知名指数：★★★★☆

沧龙是中生代海洋中的王者，体形最大的沧龙体长可达20米，重约30吨。不可思议的是，它们的祖先来自陆地，是一种小型蜥蜴——崖蜥。

NO.1 霸王龙

霸气指数：★★★★★

知名指数：★★★★★

提起远古动物，多数人首先想到的是恐龙。而提到恐龙，霸王龙无疑是最知名的。它们体长超过10米，最高近6米，咬合力为陆生动物第一，是当时顶级的猎杀者。可见，霸王龙排名第一实至名归。

第二章

无脊椎动物

无脊椎动物就是体内没有脊柱的动物，不管身体外部是否坚硬，体内都软乎乎的，没有一根骨头。它们是动物的原始形式，其种类占动物总数的绝大部分，与它们有关的谜题也数不胜数。

飞蛾扑火之谜

人们常用“飞蛾扑火”比喻自取灭亡，这让飞蛾感到很委屈：“我们扑火，不是自杀！”那么，飞蛾到底因为什么而奋不顾身地奔向灯火呢？

平反：没有轻生的习惯

白天天敌多，蛾类一般躲起来休息；晚上天敌少，且光线暗淡，它们才出来活动。它们昼伏夜出完全是为了生存，所以，它们不会故意暴露在灯火前，自寻死路。

把灯火误当月亮了

在人类出现之前，蛾就存在了。那时，除了因为特殊原因而产生的自然火外，夜晚最亮的非月亮莫属。这是否可以说明飞蛾扑火与月亮有关呢？德国昆虫学家冯·布登布洛克据此猜想，提出相应假说。

他认为，蛾在夜间飞行时，一般是靠月光来导航的。它们始终保持让月光投射到一只眼睛中，这样，只要没有障碍物挡住月光，它们就依据月光，绕着一个大圈飞行。当出现火焰、路灯等光源时，蛾误以为那是月光，就会绕着这

些光源飞行，圈越绕越小，最后，蛾就会把自己绕进火里。

模夜蛾的飞行实验

20世纪七八十年代，英国曼彻斯特大学的研究人员决定通过实验证实冯·布登布洛克的假说，参与实验的飞蛾是一只模夜蛾。实验表明，在月明时，模夜蛾会沿着直线飞行。遮住月亮或蛾的眼睛后，蛾的飞行轨迹就变得杂乱无章。

研究人员还发现，对蛾来说，灯的高度和大小很重要。比如，如果同一盏灯被放在大约9米高的位置上，蛾会在15～17米外被吸引。只有在这个距离，灯的影像大小看上去才和月亮的影像大小一样。

这个实验有力地证明了冯·布登布洛克的假说颇具科学性，但是否彻底揭示了飞蛾扑火之谜呢？不少科学家提出怀疑。

飞向晨曦

美国研究人员亨利·萧用美洲棉铃虫做过一项实验。他把这种蛾粘在泡沫塑料片上，放到水池里。没有灯光时，小船漫无目的地游荡；水面上有灯光时，小船朝灯光漂

去，路线呈直线而非螺旋，当快撞上灯时，多数棉铃虫会试图避开。

亨利·萧认为，这个实验说明了蛾其实把灯光看成了晨曦。清晨太阳初升时，蛾会朝太阳飞，当找到最佳藏身处时，就会躲开光明。

误把真心对君托

法布尔记载过这样的现象：把雌蛾和雄蛾放在灯火前，多数雄蛾会无视雌蛾，扑向灯火。有人猜测：雌蛾靠一种激素吸引雄蛾，这种激素能发射一种红外光线，而灯火恰恰也能发射这种红外光线，且强烈得多，所以雄蛾被欺骗了。不过这种说法至今没有实验依据。

究竟是什么原因造成了飞蛾扑火这个现象？人们还没找出确切答案，但可以肯定的是：飞蛾不是在自杀，而是把灯火当成了某种对它们生存至关重要的东西。

谁在蝴蝶的翅膀上作画

你一定看过蝴蝶吧？夏天，蝴蝶扇动着艳丽的翅膀在花丛中翩翩起舞，与五彩缤纷的花朵融为一体，构成绚丽的图画，美不胜收。如果你仔细观察，还会发现蝴蝶的翅膀上有着各种神奇的图案。这些图案到底是怎么形成的呢？

翅膀上的神奇图案

蝴蝶、蛾子的翅膀上有很多娇贵的小粉末，轻轻一碰，就会掉落，如果掉落的多了，翅膀就变透明了。这些小粉末其实是一层小小的鳞片，鳞片的形状千姿百态。蝴蝶翅膀之所以五颜六色，就是因为各色神奇的鳞片会变魔术。具体来说，蝴蝶翅膀上的鳞片是由两种色源构成的。一种是由物理光学原理产生的，叫物理色（结构色），一种是自身生理代谢产生的，叫化学色（色素色）。这两种色源使得蝴蝶翅膀绚丽多彩。

蝴蝶家族的翅膀虽然五颜六色，但这“外衣”的颜色和款式可不是随便挑、随便选的。不同种类的蝴蝶，身上的物理色和化学色不同，凭这个便可以区分出蝴蝶的不同种类。

比如，碧凤蝶的后翅外缘呈波点状，颇似凤凰的尾巴，豹纹蝶

的翅膀颇似豹的斑纹，有的蝴蝶翅膀上会出现字符，如C蝴蝶、F蝴蝶。C蝴蝶生活在我国辽宁的千山，身上的花纹呈现明显的“C”字，故而得名；同理，F蝴蝶的双翅上则有“书写”规整的英文字母“F”。还有的蝴蝶翅膀上有阿拉伯数字，如88多涡蛱蝶。

88多涡蛱蝶

神奇图案为哪般

蝴蝶翅膀上的各式图案只是为美丽而生的吗？当然不是，它们可有着重要的作用！

作用一：自我保护

比如枯叶蝶的翅膀很像干枯的叶子，能以假乱真，不是为了出风头，而是为了躲过天敌的捕杀。再如猫头鹰蝶，整个翅面酷似猫头鹰的脸，可以成功吓跑许多天敌。

作用二：交流信息

蝴蝶翅膀上的图案还能在其互相交流时成为极其重要的信息。蝴蝶有比脊椎动物更广的视觉光谱范围，比如能看到短波长的紫外线。所以，在求偶期间，某些种类的蝴蝶可以通过特殊的紫外线反射值或吸收值来识别异性。

作用三：调节体温

蝴蝶是冷血动物，不能通过自

身代谢产生热量保持体温，只能靠扇动翅膀产生热量，或者通过翅膀鳞片上的黑色素吸收的太阳辐射保持体温。

事实上，蝴蝶翅膀的图案并不能同时起到上述三个作用，蝴蝶翅膀的图案反映的是在这三者之间权衡的结果。

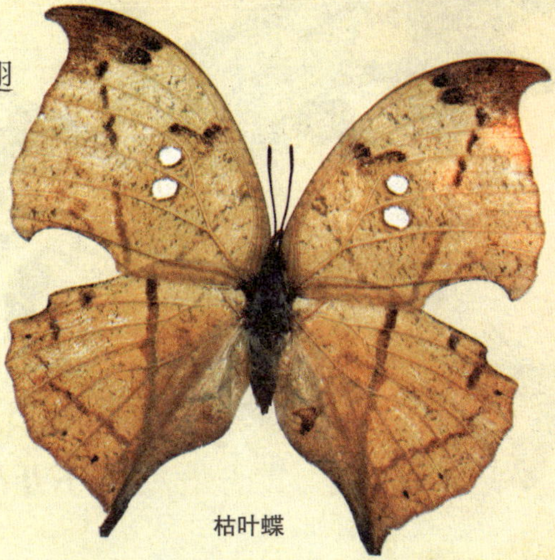
枯叶蝶

多样图案由谁定

蝴蝶翅膀上的图案多种多样，到底是哪些因素决定了蝴蝶翅膀上的图案样式呢？

一项关于蝴蝶基因体的研究结果显示，决定其翅膀上图案样式的基因调控机制，可以通过物种间的杂交来进行基因重组，进而创造出形形色色的翅膀图案来。

然而，据估计，全世界的蝴蝶大约有14000种，而研究人员掌握的蝴蝶基因组序列毕竟有限，要想完全揭开蝴蝶翅膀图案的成因之谜，还需一些时日。

蝶恋树之谜

人们常说“蝶恋花”，其实也有蝴蝶痴恋大树的现象，而且这种树既不开花，也无香气。这究竟是怎么回事？

蝴蝶世界

在美国蒙特利松林里，有一种奇怪的黑松树。它们的树皮呈深绿色或墨黑色，常常布满青苔；树枝粗糙无比，上面生着长长的树叶。这种树不仅和美丽无缘，甚至还让人感觉阴森。

别看黑松树长得不怎么样，却能获得无数彩蝶的青睐。每到秋天，当蝴蝶从北方飞向温暖的南方过冬时，总有相当数量的蝴蝶被这些黑松树吸引。它们不约而同地降落在黑松树上，双翅合拢，一动不动，铺满树的枝干。一时间，丑陋的黑松林变成了美丽的蝴蝶世界。

这里温暖如春，蝴蝶在这里不会遭遇寒冷。到次年春暖花开的时候，蝴蝶便相继离去。

难解之谜

我们常常看到蝴蝶在花丛中飞舞，这是因为它们要吸食花蜜。其实，蝴蝶不是专门探花吸蜜的昆虫，它们的摄食对象因种类不同而有很大差异，而且相当一部分是专食性的。有些蝴蝶喜食花蜜，有些蝴蝶喜欢吸食果实或树木的汁液，而有些蝴蝶对动物的粪便情有独钟。

然而，人们经研究发现，被黑松树吸引的蝴蝶和其他地区的同类相比，食性上并没有什么特别之处。它们是否被树上的汁液或其他物质吸引了呢？次年春天纷纷离去，是否因为该物质随季节变化而变淡或消失了呢？可惜，人们并未找到这种奇特的物质。这一奇异的现象，至今仍是世界瞩目的谜题。

知识快递

科学家研究发现，人耳能听到的频率为20～20000赫兹的声音。高于20000赫兹的声音叫超声，低于20赫兹的声音叫次声。无论超声还是次声，人耳都听不到。蝴蝶一分钟只能振动翅膀五六次，远低于次声。所以，不是蝴蝶飞行没有声音，而是我们的耳朵捕捉不到。

蜜蜂“吸毒”之谜

蜜蜂家族“吸毒”同飞蛾扑火一样，都不是表面看上去那么简单。这到底是怎么回事？

体内自带解毒器

我们知道，蜜蜂最爱采花蜜了。花蜜又香又甜，可以酿造蜂蜜和蜂王浆，但有的花蜜却含有毒素。有人称，蜜蜂对这些毒素是免疫的，因为它们体内自带解毒功能，解毒功臣是一种叫细胞色素P450的基因。然而，随着进一步研究，人们发现蜜蜂体内的这种解毒基因并不多，甚至比果蝇和蚊子的还要少。如此少的细胞色素P450，是如何承担解毒大任的呢？

毒素是如何化解的

针对上述问题，有些科学家做了如下

解答：工蜂一般很少吃原始的食材，而是将花蜜在蜂房中加工成蜂蜜后再进食，有毒的花蜜在加工过程中，毒素会降解。照此说法，蜜蜂其实没有“吸毒”。

不过一家之言远不能为蜜蜂“平反”，要揭开蜜蜂“吸毒”之谜，还需要更确凿的证据。

对杀虫剂也上瘾

蜜蜂家族的“吸毒”事件远非一起。

生活在巴西亚马孙河三角洲的依图河两岸的一些蜜蜂，个性古怪。

它们从不采集花蜜，却喜欢吸食居民为驱杀疟蚊而喷洒在墙壁上的滴滴涕。滴滴涕对疟蚊来说有剧毒，对这种蜜蜂来说却是美食，毫无毒效，哪怕这种蜜蜂所吸收的滴滴涕大都集中在体内的要害部位，蜜蜂也不会受到毒害。

这种现象不是个例。很多蜜蜂都对杀虫剂上瘾。英国纽卡索大学研究者莱特称，他们有足够的证据证明蜜蜂比较喜欢吃沾染杀虫剂的食物。

辛勤的蜜蜂为何成了“瘾君子”，又是如何解毒的？科学家还在研究之中。

蜂群崩溃之谜

蜜蜂家族一贯以勤劳闻名，但也有自甘堕落的时候。你看，一群工蜂弃巢而去，连蜂王都不管了。这些蜜蜂是受了什么刺激吗？其实，这些蜜蜂得了一种叫“蜂群崩溃综合征”的怪病。

蜂群崩溃综合征

科学家把蜂巢内大量工蜂离奇消失的现象，称为“蜂群崩溃综合征”。这种现象最初在瑞士和德国发生，影响并不大，后来波及比利时、法国、荷兰、希腊、意大利、葡萄牙、西班牙等其他欧洲国家。2006年，这股古怪的工蜂离巢风刮到了世界更多地区。

崩溃的特点

蜂群崩溃综合征有哪些特点呢？通过调查，科学家得出如下结论：

蜂巢内没发生过战争，只有极少或完全没有蜜蜂尸骸；

蜂巢内有蜂蜜及花粉积存，表明食物没有受到其他蜂类的抢劫，也没有因虫害而腐坏；

蜂王和一些幼虫被遗弃在巢穴内。

蜂群崩溃不是小事

由于蜂群崩溃综合征的大量出现，世界蜂蜜产量大减，蜜蜂种群数量节节下滑。美国研究人员称，如果这种怪病持续扩散，蜜蜂很可能于2035年完全绝迹。

众所周知，蜜蜂是传播花粉的能手。蜜蜂减少或消失，农作物等大

量植物都将受到严重影响。比如美国，30%以上的农作物需要蜜蜂授粉，离开蜜蜂，杏、桃、大豆、梨、樱桃、草莓等，都将无法结果。

蜂群因何崩溃

究竟是谁令工蜂成群离家出走的呢？研究指出，导致蜂群崩溃综合征的可能是营养不良、虫害滋扰、农药病原体侵袭、免疫力不足、以色列急性麻痹病毒感染、基因作物影响、养蜂方法不当、气候变化、电磁波辐射等。也有科学家指出，蜂群崩溃综合征可能是由多种因素综合引起的。

对于蜂群崩溃的现象到底因何而起，目前，科学家还没有达成共识。

动物趣闻

蜜蜂采蜜40多次，采100朵花，才能酿成0.5克蜂蜜。如果蜂巢和蜜源的距离为1.5千米，蜜蜂需要飞行24万千米的路程，差不多等于绕地球飞行6圈，采集的蜜才能酿1千克蜂蜜。

屎壳郎辨路之谜

屎壳郎又叫蜣螂，尽管它们长得威风凛凛，却因爱滚粪球而常被人嘲笑。对此，屎壳郎毫不在意，一心一意地滚着粪球。屎壳郎常常滚着粪球走很远的路，它们是如何辨别路径的呢？

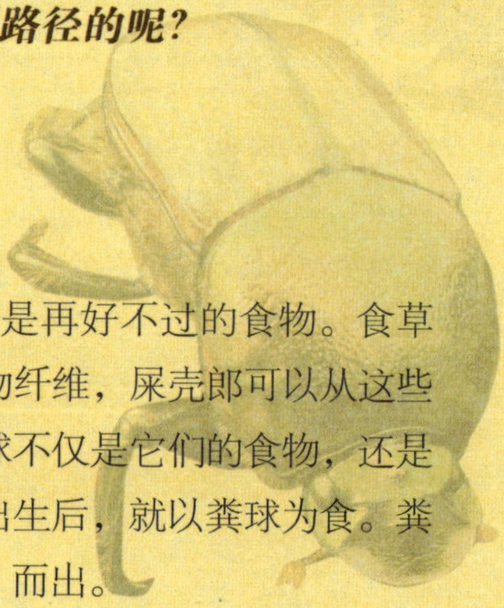

珍贵的养料库

虽然粪球臭烘烘的，但对屎壳郎来说，却是再好不过的食物。食草动物排泄出的粪便里含有很多没有消化完的植物纤维，屎壳郎可以从这些纤维里分离出美味的营养物质来。屎壳郎的粪球不仅是它们的食物，还是它们的育婴室。它们会将卵产在粪球里，幼虫出生后，就以粪球为食。粪球越吃越空，小屎壳郎越长越大，直至破“球”而出。

靠啥辨方向

粪球对屎壳郎如此重要，屎壳郎在滚粪球时可要小心翼翼，千万

不能将粪球弄丢了。这时，辨明方向就显得至关重要。

屎壳郎滚粪球时，有时要走很远的路，它们是如何辨别方向的呢？目前，人们已经知道它们多是通过观察天空来寻找道路的，至于它们的小脑袋是如何利用天空中各种各样的线索的，还有诸多疑问。

最新进展

瑞典一科学团队通过实验发现，不同种类的屎壳郎，辨路的方式是不同的。

那些在白天活动的屎壳郎物种，主要靠太阳来辨别方向。而那些常在夜间活动的屎壳郎物种，就复杂多了。白天，它们也可以通过太阳辨别方向，到了晚上，月亮、星星的光线暗淡，它们便转而利用大气层中分布的、由月光产生的偏振光来导航。如果晚上没有偏振光，就请银河帮忙。

瑞典科学家的发现，虽然没有解开屎壳郎辨路的全部秘密，但无疑解开了这个谜团的一角。

蟑螂禁区之谜

蟑螂外号“小强”，又有“偷油婆”“灶蚂蚁”“黄婆娘”等诸多“美称”，是世界上生命力最顽强的动物之一。然而，有个地方，它们却不敢轻易靠近。你知道是哪里吗？

不愧“小强”之名

蟑螂不仅肮脏，还有“毒”。它们携带伤寒杆菌、痢疾杆菌、大肠杆菌等几十种病菌，且边吃边排泄粪便，其粪便中含有多种致癌物质。为了消灭它们，人们施放蟑螂药，但它们很快就会产生抗药性；人们踩碎它们的脑袋，结果它们剩下的身体还能活几天；人们将其放入极端恶劣的环境中，它们竟能很快地适应下来。

庐山禁区

你肯定想不到，令蟑螂退避三舍的地方，竟然是风景宜人的江西庐

山。更奇怪的是，庐山上虽然极少见到蟑螂，但庐山脚下的九江等地区，蟑螂却十分猖獗。庐山究竟有什么防虫法宝呢？人们各执一词。

动物趣闻

蟑螂比苍蝇卫生多了。科学家发现，蟑螂的触须变脏后，触须上会积累许多化学物质和一些湿性蜡状物质，这时，蟑螂便会清洗触须，即用前爪将触须挤入口中，之后从头至尾舔食清洗。

众说纷纭

动物学家认为，庐山上很可能存在着一种蟑螂的天敌，只是它们太过神秘低调，至今还没被发现。

植物学家则认为，庐山上可能长有一种或多种使蟑螂无法生存的植物。这同样只是一种假想。

环境学家认为，原因出在庐山的海拔上，无蟑螂区的海拔高度都在1千米以上，所以，庐山无蟑螂可能是山高氧稀所致。但是，黄山的海拔也很高，为什么那里却有蟑螂出没呢？

最新观点

相关专家通过研究，认为其原因和庐山的低温以及特异的气象环境有关。他们指出，蟑螂一般在4月左右产卵，而此时，庐山尚处于冬天，蟑螂根本不可能繁殖生长。不过，这种断定还缺少充足的依据。

苍蝇不得病之谜

嗡嗡——苍蝇来了！人们怒气冲冲地举起苍蝇拍子，狠狠地拍了下去……苍蝇之所以被人们恨之入骨，是因为它们的身上布满细菌，能传播各种疾病。然而，苍蝇自己却不得病，这是为什么呢？

哪里脏，去哪里

说起苍蝇的恶行，简直可以用罄竹难书来形容。它们是最肮脏的昆虫之一，最爱的食物是粪便、腐烂的果实和动物尸体，最喜欢待的地方是垃圾堆，堪称移动的病菌库，浑身布满痢疾、伤寒、砂眼、结核病等多种疾病的病原体，人类稍有不慎，就会被传染。

疾病躲着走

无论是踢完球，还是玩过泥巴，大人都会对我们说类似的话：“赶紧去洗手，否则会生病的。”然而，苍蝇整天

接触脏东西，身上布满细菌，却几乎不生病。为什么会这样呢？科学家提出了种种见解，目前还没有达成一致。现在，我们看看几种主流观点。

有人认为，苍蝇不生病的原因在于，它们消化吸收的速度和效率都非常高，在病菌作恶之前就将其逐出体外了。病毒不在了，身体自然不会生病了。

有人认为，苍蝇不生病，是因为其体内有特殊的免疫能力。意大利科学家在研究中发现，有的病菌的繁殖速度相当快，可以在苍蝇排掉病菌之前就“兴风作浪”。然而，苍蝇不怕。当病菌侵入苍蝇体内时，其特殊的免疫系统就会立即释放出两种免疫蛋白来抵抗病菌。这两种球蛋白配合默契，总是连手对敌，一旦发现病菌，就会像机关枪一样，接连不断地发射“炮弹”，直到把敌人彻底消灭为止。

虽然我们还不确定苍蝇的杀菌武器究竟是什么，但我们清楚，一旦解开这个谜团，人类定会获益匪浅。

蜜蜂毒针之谜

“嗡嗡嗡，嗡嗡嗡”，小蜜蜂们又出来采蜜了。它们冲出蜂巢，你争我抢地奔向花丛，开心得不得了。这时候，我们最好闪到一旁，不要靠得太近。

性情温和的劳模

我们在花丛中见到的蜜蜂都是工蜂，即没有繁殖能力、成天劳动的雌蜂。和黄蜂相比，蜜蜂的性情温和又善良。尽管它们的尾巴上长着毒针，但不到万不得已的时候，它们是不会蜇人的。因为，一旦蜇了人，它们就会付出生命的代价。

蜇人便丧命

我们所说的蜂针，其实是蜜蜂的产卵器。工蜂不需要产卵，所以蜂针就成了自卫与保卫蜂巢的工具。蜂针与工蜂腹腔内的多个内脏相连，尖端有倒钩。当蜂针刺入敌人身体时，尖端

知识快递

蜜蜂讨厌黑色的东西及酒、葱、蒜等发出的刺激气味，所以身着黑衣或带酒、葱、蒜等气味的人，容易被蜜蜂攻击。此外，由于蜂针上有毒素，被蜜蜂蜇到后，最好及时找医生治疗。

会死死钩住敌人体内的组织而无法拔出。在这种情况下，工蜂会用力脱身，最终导致毒针连带内脏一起被拉扯出体外，这样工蜂也就活不成了。

不过，当工蜂的敌人是那些有着坚硬表皮的昆虫时，蜂针往往可以从破口安然无恙地拔出来，工蜂也可以免于死去。

不幸的蜜蜂

和蜜蜂不同，黄蜂蜇人后一般不会死，因为其毒针不与内脏相连，即使丢掉毒针也不会将内脏带出体外。

我们知道，“物竞天择，适者生存”，随着时间的推进，多数生物会不断地进化。在恐龙时代，蜜蜂就已经存在了。然而，同属于蜂类，同属于群居的昆虫，蜜蜂为什么没有像黄蜂一样，进化出不与内脏相连的毒针呢？在进化过程中，究竟哪个环节出现了问题？科学家仍在探索之中。

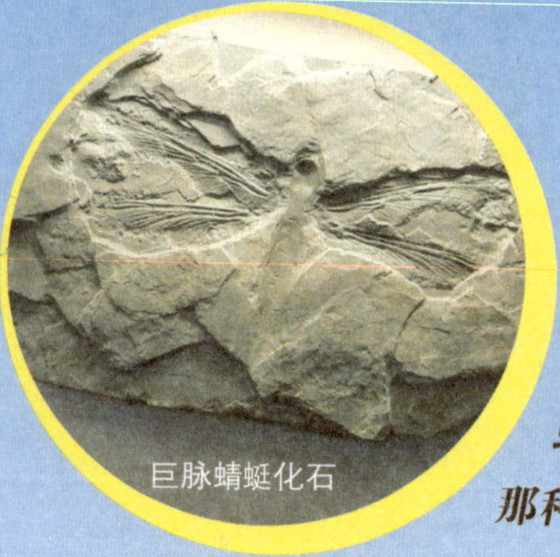

巨脉蜻蜓化石

巨型蜻蜓之谜

看到题目，你或许会想到史前怪虫——巨脉蜻蜓。其实，我们要说的并不是那种灭绝的昆虫，而是存活于现代的蜻蜓怪。

巨大的远古亲戚

蜻蜓是很常见的一种昆虫，体长一般不超过10厘米。它们的远古亲戚——巨脉蜻蜓倒是很大，翼展接近1米，和老鹰的翼展长度差不多。它们连青蛙都敢捉，是已知地球上曾出现的最大的昆虫。不过，巨脉蜻蜓早就灭绝了，其后的蜻蜓大多身材娇小。然而20世纪中期，我国青海省西部的村民，却坚称见到了巨大的且带有毒刺的蜻蜓。

惹不起的怪虫

1958年，一位姓黄的村民带着儿子去砍柴。到了森林里，父子二人暂时分开了。不久，黄某听到儿子大声呼救，急忙狂奔过去，到了现场，一下子傻了眼——一只长着黑亮翅膀的半米长的大蜻蜓，正疯狂地攻击着他的儿子。他回过

神来，操起斧头便砍了过去，不料斧头落了空，没吓跑蜻蜓怪，反而激怒了它。蜻蜓怪亮出尾巴上的毒针便朝少年的背部蜇去。好在蜻蜓怪难敌斧头再次袭击，落荒而逃，少年捡回了一条命。

更奇怪的是，黄某坚称蜻蜓怪并非首次出现，他的祖辈也见过这种怪虫。他还说，此虫出现，必有瘟疫发生。后来，当地果然发生了瘟疫。

虫怪或是怪鸟

黄某的遭遇着实离奇，一时间传得沸沸扬扬，甚至引起了西宁、兰州等地生物学家和病理学家的关注，专家们纷纷来到这个地方进行调查。结果，专家查来查去，都没见到巨型蜻蜓的踪迹，更不要说了解它们的基本习性和传菌方式了。于是，有些人认为，黄氏父子肯定把某种大鸟误认作蜻蜓了，至于后期瘟疫的发生，应该只是巧合。不过，当地村民却对黄氏父子的话坚信不疑。

真相究竟是什么？人们至今无解。

动物趣闻

蜻蜓捕猎的成功率能达到95%，远高于狮子和鲨鱼，也就是说，一旦它们确定了捕猎对象，基本不会失手。科学家称，蜻蜓具有一种特殊的内部特征，能根据猎物移动而操纵行为，得到关于猎物动向的反馈，并调整行为方式、飞行轨迹等，准确快速地捕捉到猎物。

水母之谜

广袤的海洋里生活着许多美丽的生物，水母便是其中之一。它们晶莹剔透，游姿轻盈，拖着流光溢彩的“长裙”，素有“海中仙子”的美名。

比恐龙辈分高

别看水母一副娇弱不堪的样子，其实生命力顽强得很，早在6.5亿年前就存在了，辈分比恐龙还高。现在，恐龙早就灭绝了，水母依旧生活得很好。水母不仅是海洋中常见的生物，有些种类（如桃花水母）在淡水中也能生活。

有人称水母是“水做的生物”，这是很有道理的。水母是一种低等的无脊椎浮游动物，结构简单，没有肌肉，也没有骨骼，身体的主要成分是水。

不死水母

灯塔海月水母个儿不大，却有“长生不老”的本领。科学家指

出，这种水母有一种神奇的本领——能把自身的细胞恢复到年轻状态。具体来说，这种水母度过成年期后，会转化成一个水滴状的胞囊，进而生长成一个水螅群，也就是生命的原始阶段；之后再慢慢长大，变得成熟后进行交配，并循环往复……

灯塔海月水母不死的秘密是什么？答案仍不得而知。

知识快递

当你在海边戏水时，如果突然感到身体的某个部位一阵刺痛，有如被皮鞭抽打的感觉，那很可能是被水母蜇到了。一般被水母蜇伤后，可以涂抹些消炎药或食用醋，过几天即能消肿止痛。但最好还是尽快去看医生，因为水母的毒性是有大有小的。

水母泛滥之谜

水母看上去很美，但一旦它们在数量上占据主导地位，成为海域的“主宰”，便会将鱼类等其他海洋生物逼上绝路。

近年来，全球海洋中的水母越来越多，很多地区都出现了水母离奇爆发的现象。东亚海域便是世界上大型水母泛滥的“重灾区”。2009年，大量水母突然涌到胶州湾，给人们带来了不小的麻烦。究竟是什么原因导致水母暴发的，科学家至今没有找到答案。

蚁国“公路”之谜

蚂蚁和白蚁不仅是筑巢建穴的高手，还是铺桥架路的行家。更神奇的是，它们搭建“公路”的一些方法和理念，直到现代，人类才逐渐理解。

小蚁筑长路

和我们平时见到的蚁类不同，在热带雨林中，白蚁和许多蚂蚁一般在大树上生活。大树上有它们的巢穴，也有它们活动的“公路”。这些“公路”是它们在树皮上一点儿一点儿啃咬出来的，呈长长的凹槽状，有点儿像壕沟。小家伙们很守规矩，只在“公路”上行走，绝不会逾越。

防雨又防风

热带雨林中，刮风下雨是家常便饭。那里的蚁类深知这个常识，决不允许修“公路”时偷工减料，“豆腐渣”工程自然不会出现。

美国博物学家赫尔墨称，有次他在亚马孙热带雨林中考察时，遇到了狂风暴雨。他发现，本在树上行进的蚂蚁和白蚁纷纷躲进凹槽“公路”里一动不动，风雨过后，它们都没被冲走。他还发现，蚂蚁和白蚁在地面上也能修筑凹槽“公路”，主料是小石子、沙砾，为了防止凹槽“公路”被冲毁，它们会在上面盖树皮、树叶，效果同样很棒。

动物趣闻

蚂蚁能举起并搬运超过自身体重50倍的东西。全世界的蚂蚁总数超过一亿亿只。某种白蚁的蚁后一天能产40000枚卵。

蚁国“公路”不“堵车”

在现代城市中，交通阻塞和交通事故令人头痛不已。蚁类的凹槽“公路”路面极为狭窄，而且纵横交错，是否也会出

白蚁

现这样的情况呢？科学家的答案是否定的。

凹槽“公路”上也有十字路口和三岔路口，这些路口不会直接交叉，而是在交叉处筑成一个圆环形，分支的“公路”都从这个圆环的不同位置延伸出来。这样，当几支蚁类队伍交叉通过时，谁也不会挡谁的路，交通阻塞也就不复存在了。至于交通事故，蚁类纪律严明且自觉性高，撞击事件很难发生。

神秘面纱待揭开

为什么小小的蚁类能建造出如此出色的“公路”？为什么无论是在交叉路口的设计上，还是在交通疏导的方法上，凹槽“公路”都领先人类好几千万年？这一直是令赫尔墨等科学家百思不得其解的问题。

史前竹节虫幸存之谜

在昆虫世界里，竹节虫很受瞩目。它们个个是魔法师，能将植物模仿得惟妙惟肖，还能根据光线、湿度、温度的变化来调节体色。现在，这个家族发生了一件大喜事，我们快去瞧瞧吧。

史前竹节虫

活化石回归了

有一种史前竹节虫，身长通常为3～30厘米，躯体厚度达1.5厘米。由于太过罕见，它们被认为于90余年前便已灭绝，至今也没有中文名。但澳大利亚科学家宣布，这种巨型竹节虫还有几只幸运儿，就栖息在澳大利亚外海的岛屿上。

这个发现得来不易。在20世纪60年代，曾有攀岩者在澳大利亚东部

凸出的火山岩“波尔斯金字塔”发现2只死去的史前竹节虫标本，但没有人见过活着的史前竹节虫。后来，科学家们冒着生命危险在波尔斯金字塔上的悬崖礁岩上攀爬，又穿过重重鸟粪，才在夜幕降临时寻到幸运儿的身影。当时，有3只史前竹节虫正躲在树叶间进食，旁边还有一窝卵。

其中一个科学家说：“看见这些睽违已久的动物让我们有时空倒流的错觉，简直无法用语言去形容。我们紧盯着这些史前生物，就像是身处于侏罗纪公园一般，但我们却因为担心会坠落悬崖，而不敢恣意喜悦地跳跃。”

“长了脚的香肠”

竹节虫家族以瘦为美，成员们多身材苗条，是天生的“模特”。但有种竹节虫却特立独行，由于很长时间内没有天敌，不必为逃命而辛苦奔波，整日只是吃、喝、

史前竹节虫

休息，渐渐地，它们身体走形，都成了胖子，人送绰号“长了脚的香肠”。

这种竹节虫生存的年代甚至比恐龙还早，它们一直在圣好威岛上无忧无虑地生活着，到了1918年，好日子到头了。那一年，有运输船造访海岛，随之而来的还有一些老鼠。老鼠上岸后，很快就发现了这种又肥又笨的昆虫，竞相捕杀，进而导致“长了脚的香肠”一度消失。

幸存的秘密在哪儿

史前竹节虫为何能死而复生？科学家没给出确切答案，但有人猜测是海鸟帮了忙。海鸟将死去的雌性竹节虫叼到火山岩上，打算用来筑巢。不料，虫体内的卵得以孵化繁衍。科学家认为，波尔斯金字塔上的悬崖礁岩上应该还有10只幸运儿。

目前发现的幸运儿都是雌性。雌性竹节虫可以不需要雄性，单独通过复制自身的DNA进行繁殖。

带鳞乌贼之谜

“皮滑肉儿白，肚里墨样黑。从不偷东西，硬说它是贼。”这则谜语的谜底便是乌贼。就像谜语中说的那样，乌贼的外皮一般滑溜溜的。不过有一种乌贼，身上却长着鳞。

惊天秘密胃里藏

尤霍夫是一名俄罗斯科学家。有段时间，他带领一个科学小组，在南半球海域研究抹香鲸的摄食对象。科学小组的工作实际上并不那么有趣。他们要剖开一头头抹香鲸的胃，忍着怪味将里面的东西一个个拿出来清洗、登记、测量并拍照。那天，尤霍夫正检查一头抹香鲸的胃，忽然在里面发现了一只怪物。他赶紧将其掏出来仔细观察：这家伙是乌贼，身体呈绛红色，头大，身体长且壮实。令人瞠目结舌

的是，它身上竟然披着一层鳞片，而且没有触手！

在场的人都兴奋不已，很快又在这只抹香鲸的胃里找到了另外几只带鳞乌贼，最大的一只长约2米，腹宽约1米。

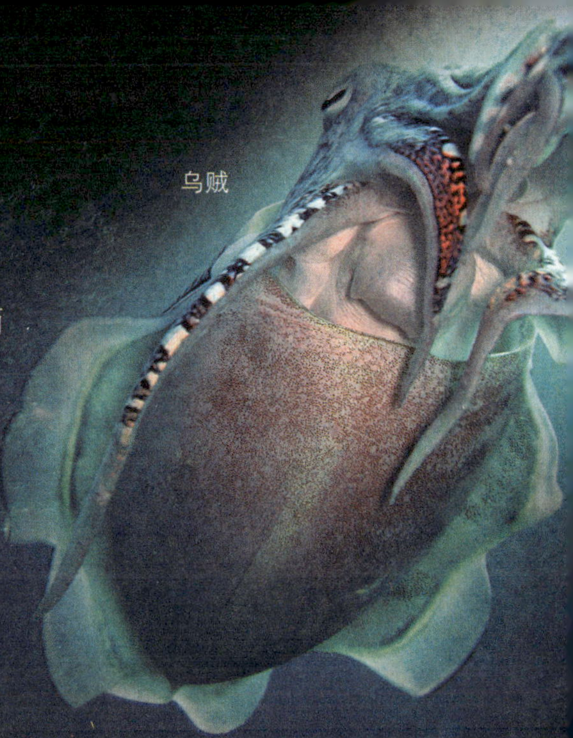
乌贼

大量“气瓶”挂身上

带鳞乌贼身上的绛红色鳞片很漂亮，仿佛屋顶上的绛红色瓦片，通过肌肉组织延伸，紧紧地排列在一起。更令人惊讶的是，随着带鳞乌贼渐渐长大，鳞片的数量也会不断增加。鳞片有重要作用，每一鳞片内部都有微小的薄层，里面充满了空气和油，可以说，一片鳞就像是一个微小的气瓶，可帮助乌贼自由地漂浮和游动。

不过，这种乌贼并非全身都披有鳞片，比如它们的尾腔和一些末梢部分就没有鳞片，那里的皮肤很光滑。

触手哪儿去了

我们知道，乌贼身上一般都长着触手。乌贼饿了时，触手是捕猎的装备；遇到危险时，触手化身为战斗、防身的武器；需要游动时，触手变成掌控方向的“舵”；遇到心上人时，雄乌贼的触手是生殖的工具。总之，触手是乌贼最重要的生命器官之一，离开它们，乌贼就离死不远了。

动物趣闻

乌贼能随着环境的变化而改变体色。生活在珊瑚礁周围的乌贼在受惊后，体色会变得非常醒目。

乌贼体内有墨囊，喷出的“墨汁”不仅能充当烟幕弹，令敌人晕头转向，还有麻醉作用，令敌人或猎物失去嗅觉。

现在你明白研究小组看到红鳞乌贼没有触手后，被惊得目瞪口呆的原因了吧？

科学家经研究发现，带鳞乌贼刚出生时，身上是有触手的，但长大后，触手就全部脱落了。为什么带鳞乌贼要抛弃触手呢？离开触手，它们的生活不仅没有受到严重影响，反而过得很好，原因又在哪里？这些都还是未解之谜。

游动方式太古怪

除了身披鳞片和没有触手，带鳞乌贼还有其他古怪之处，比如游动方式。和其他动物不同，乌贼前进速度一般，但后退速度很快。原来，乌贼动起来时，肌肉会收缩，把外套腔里的水从漏斗管中喷出，水流在喷出时能产生强大的反作用力，进而使身体飞快地向后游动。

不过，带鳞乌贼跟乌贼家族的游动方式完全不同。它们不靠喷射水流的方式倒退着游，而是像大多数海洋动物那样，向前游动。

针对游动方式的问题，科学家进行了多番研究。有观点认为，带鳞乌贼可能是生活在海水底层的生物，那里食物充足，它们即使安安静静地缓慢运动，也能吃得饱饱的，久而久之，就放弃了麻烦又辛苦的倒退运动方式。不过，这只是一种猜测而已。

带鳞乌贼一身古怪、一身谜，称它们为“怪物”，真是一点儿都不夸张。

海豆芽之谜

“绿豆芽，黄豆芽，营养价值顶呱呱。”你知道吗？豆芽不光陆地上有，海洋中也有。不过海豆芽不是植物，而是一种神奇的动物——舌形贝。

海中“黄豆”生出“芽”

从外表上看，海豆芽的身体主要分为两部分，上部是椭圆形的贝壳，下部是一根可以伸缩的、半透明的肉茎，很像一根刚长出来的黄豆芽，故而得名。

海豆芽一般在温带和热带海洋的洞穴里安家。它们的家离水面很近，在水深20～30米间，周围巨浪频发，环境变化剧烈，捕猎者众多。小小的海豆芽是如何在这样动荡不安的地方生存下来的呢？

胆小竟是生存秘诀

海豆芽一生绝大部分时间都躲在洞穴里，靠外套膜上面的3根管子和外界接触。而且，只有确定外面绝对安全时，它们才会把肉茎探出来。一旦有风吹草动，立刻缩回肉茎，紧闭双壳，一动不动。为此，很多人认为

海豆芽化石

它们是胆小鬼的最佳代言。不过，海豆芽可不在乎，它们既没有凶悍的武器，又没有坚硬无比的外壳，若不谨小慎微，怎么能在危机四伏的环境中生存下去？

令人咋舌的活化石

世界生物学界普遍认为，一个物种从起源到灭绝，平均生存时间不到300万年；一个属从起源到灭绝，平均生存时间为800万～8000万年。海豆芽呢？在地球上已经生存了5亿多年！是什么原因让它们得以繁衍至今？就这个问题，人们在生理、生化等方方面面对海豆芽进行了研究，至今仍没找到答案。

不同寻常的进化

生物界有一个基本规律：随着时间的不断推移，物种从低级到高级，从简单到复杂不断进化。海豆芽却是个例外，在漫长的历史中，它们无论是外部形态还是生活方式，都没有什么明显变化，一直都是老样子。为什么会这样呢？这又是一个难解的谜。

知识快递

海豆芽在古生物学中虽然叫舌形贝，但它们并不属于贝类。我们常说的贝类在生物学分类上属于软体动物，而海豆芽属于腕足动物。

海参之谜

海豆芽胆小又自私，无论如何都不肯分享长生的秘密。还好长生的动物并非海豆芽一种，相比之下，海参就大方多了。

丑陋的海黄瓜

海参长得其貌不扬。你瞧，圆长的身子肉嘟嘟的，颜色暗淡，上面还长着好多肉刺，怪不得人们送其绰号——海黄瓜。海参虽然丑，但适应力强。早在数亿年前，鱼类还没出现时，海洋中就有它们的身影了。

避敌有绝招

海参不会游泳，只能通过管足和肌肉的伸缩在海底爬行，速度十分

缓慢。它们没有眼睛，更不具备震慑敌人的锐利武器，亿万年来，在弱肉强食的海洋世界中，它们是如何繁衍至今的呢？

海参在食物中断的夏季可以通过睡觉熬过去；能预测天气，在暴风雨来临前，可及时躲起来；能根据环境的变化改变体色，躲过天敌的追杀；面对强敌，会抛弃内脏诱惑敌人，并借助反冲力逃之夭夭；在一定条件下，身体被割成几段后，每段都能长出新个体……

干吃亏的共生

有一种鱼叫光鱼，它们又小又光滑，喜欢钻进海参的体腔内。它们的动作麻利又古怪：先用小脑袋找到海参的肛门，接着卷起尾巴进入肛门，然后身体伸直，蠕动着钻进去。

对动物而言，共生不是稀罕事，共生的双方往往都有利可图，所以才有互利共生之说。海参和光鱼的共生却不同。光鱼可以在海参身体里找

到食物、躲避敌害。海参饱受内脏被损毁之苦，却没有得到一点儿好处。然而，海参却从不驱赶光鱼。这实在是匪夷所思。

没用的铁球

生物身上的每个组成部分都不是白长的，如果某个器官失去了价值，就会退化，比如人类的尾巴。

几年前，人们在海参的皮下发现了一个富含铁元素的小球，直径只有0.002毫米。至今人们也不知道这个小铁球到底有什么作用，只是猜测它可能是海参预防饥荒的器官。即当海参遭遇食物短缺的情况时，可将“铁球”与贫铁食物进行组合，创造出“粮食”。

有科学家认为，弄清海参共生和“铁球”之谜，或许能揭开海参长寿的更大秘密。

探索·发现
——自然界十大怪异昆虫

在动物世界，昆虫是种群最庞大的家族，也是“怪物”频出的家族。现在，咱们就看看十大典型代表吧！

“长舌”冠军——马达加斯加长喙天蛾

这种天蛾主要生活在马达加斯加岛上，喜欢采花蜜。它们有一个超长的口器，能伸进大彗星兰40厘米深的蜜管内。

马达加斯加长喙天蛾

臭气制造专家——椿象

椿象身上有一种特殊的臭腺，当受到惊扰时，它们体内的臭腺就能分泌出挥发性的臭虫酸来，臭虫酸经臭腺孔弥漫到空气中，使四周臭不可闻。敌害闻到臭味而不敢进犯，椿象就会乘机逃跑。

椿象

田鳖

毒液杀手——田鳖

田鳖很凶猛，当它们咬到猎物后，能快速地向猎物体内注入一种可以溶解组织的酶，然后吸食液化后的组织。在一些情况下，这种毒液能对人体造成永久性伤害。

大力士甲虫

承重行家——大力士甲虫

大力士甲虫生活在南美，外壳能承受相当于自己体重850倍的重量。它们长相威武，性情却十分温和。

蝴蝶之王——亚历山大女皇鸟翼凤蝶

这种世界上最大的蝴蝶，雌蝶翼展可达31厘米，美丽异常；雄蝶领域性强，常发生斗殴事件。亚历山大女皇鸟翼凤蝶能飞很高，主要食物是花蜜，幼虫会吃马兜铃。

大力士甲虫

亚历山大女皇鸟翼凤蝶

螳螂之王——魔花螳螂

魔花螳螂生活在非洲部分地区，外形艳丽、数量稀少、性情凶猛，是螳螂中的“巨人”，能将花朵模仿得惟妙惟肖。

魔花螳螂

体形最长——尖刺足刺竹节虫

这种竹节虫从头部到腹部末端的长度可达33厘米。它们能分泌一种带毒的液体，能让敌人暂时性失明。

尖刺足刺竹节虫

伤人最疼——子弹蚁

子弹蚁主要分布在亚马孙地区的雨林中，拥有强壮有力的上颚和厉害的尾刺。昆虫学家贾斯丁·斯密特曾用自己的身体测试了150种昆虫叮咬的疼痛度，然后给出了排名，子弹蚁排名第一。

子弹蚁

茸毒蛾

茸毒蛾

披头散发——茸毒蛾

茸毒蛾在幼年时期长相奇特，最醒目的是那一身金色或白金色的长毛，蓬松竖立，常随风而动，妖冶无双。

惨淡无比——僵尸蚂蚁

在巴西雨林里，有一些蚂蚁因被一种真菌感染而失去意志，成为真菌的傀儡。更可怜的是，一旦失去利用价值，它们就会被真菌痛下杀手。

第三章

鱼　类

鱼主要分两种，一种和人类一样，长着一身硬骨头，叫硬骨鱼；另一种的骨头则是软软的、有韧性的，叫软骨鱼。不论硬骨鱼还是软骨鱼，都有许多让人费解的谜题，等待科学家们去解开谜底。

鲨鱼抗癌之谜

癌症是威胁人们生命的恶魔之一，而寻找抗癌良药，是科学家一直努力的方向。近年来，有研究者将目光锁定在鲨鱼的身上，认为鲨鱼身上藏着抗癌的秘密。

疾病难近鲨鱼身

鲨鱼是海洋中的顶级掠食者。它们一出现，不仅多数海洋动物逃之夭夭，就连疾病似乎也不敢与它们“亲近”。一些生物学家发现，鲨鱼的身体棒棒的，即使受到了很大的创伤，也能迅速痊愈，不用担心发生炎症，更不用担心感染疾病。

有人称癌症是欺软怕硬的家伙，它们在人类面前耀武扬威，在鲨鱼面前却是不折不扣的胆小鬼。

美国生物学家鲁尔曾对5000条鲨鱼进行病理研究，发现只有1条生有肿瘤，而且是良性肿瘤。美国佛罗里达州的科学家曾用一种极猛烈的致癌物质去饲养鲨鱼，在将近8年的饲养实验中，没有一条鲨鱼感染癌症。

癌症为何使人闻风丧胆

鲁尔等人的发现引起了人们极大的兴趣，或许鲨鱼身上藏着攻克癌症的秘密。有科学家认为，鲨鱼的肌肉能产生一种抗癌的化学物质；鲁尔认为，鲨鱼的肝脏能产生大量维生素A，维生素A能有效地将癌变的细胞恢复成正常细胞；有的科学家则认为，在鲨鱼的血液中能产生一种抗癌物质；还有的科学家认为，抗癌物质其实藏在鲨鱼的软骨组织中。

或是以讹传讹

鲨鱼抗癌，只是少数科学家的言论。其实，不光鲨鱼，深海中其他动物也很少患癌，而鲨鱼如果长期生活在污染严重的近海，同样会被癌症盯上；另一方面，有关鲨鱼抗癌的资料很少，而且多数都提供不出切实的证据。

对鲨鱼而言，被看作抗癌勇士不是光荣，而是一场灾难。鲨鱼本就饱受人类捕杀之苦，抗癌论的传播更加速恶化了它们的处境。不论鲨鱼是否抗癌，我们都应该切记，攻克癌症是好事，但不能以残害鲨鱼或其他生灵为代价。

噬人鲨食人之谜

“噬人鲨，个子大，海洋里面是一霸。血盆大口生锯齿，大鱼小鱼全吞下。”提起噬人鲨，人们会很自然地想起鲨鱼食人事件。不过很多人称，噬人鲨食人其实情非得已。

顶级的海洋猎食者

噬人鲨又叫大白鲨，是海洋中顶级的猎食者之一，可以说，它们身上处处都是武器。

体形占优势：噬人鲨身长可达12米余，体重可达3300千克，是海洋中最大的食肉鱼类之一。

尖牙口中藏：噬人鲨的血盆大口中，有5～6排锯齿般的大尖牙，猎物一旦被咬住就难以脱身；更可怕的是，前排的牙齿脱落，后排的牙齿会及时“顶替上岗”。

鳞片利如刃：噬人鲨的体表看上去很光滑，其实覆盖着无数细小又锐利的鳞片，只要在人身上擦一下，就能刮下大片皮肉来。

感官超灵敏：噬人鲨的嗅觉极其灵敏，能在很远的地方嗅到浓度很低的血腥味；它们身上还有许多感觉器官，可侦测出几百米内的猎物方位，接收到水中猎物的微弱电讯。

此外，噬人鲨是海洋中的游泳高手，游速可达每小时69千米，被它们盯上，想逃脱真是难上加难。

为牛鲨背黑锅

有研究发现，在关于噬人鲨伤人、食人罪案记录中，相当数量并非它们所为，能伤人、食人的鲨鱼远不止噬人鲨一种，牛鲨、虎鲨、大青鲨、双髻鲨也臭名昭著，但谁的名气都比不上噬人鲨。有时候真凶其实是牛鲨等鲨鱼。因为噬人鲨太有名了，长得和那些“亲戚”又没有太明显的区别，所以屡屡蒙冤。

不过噬人鲨想靠这个来证明自己的清白是没用的，因为它们的确有主动袭击人的行为。

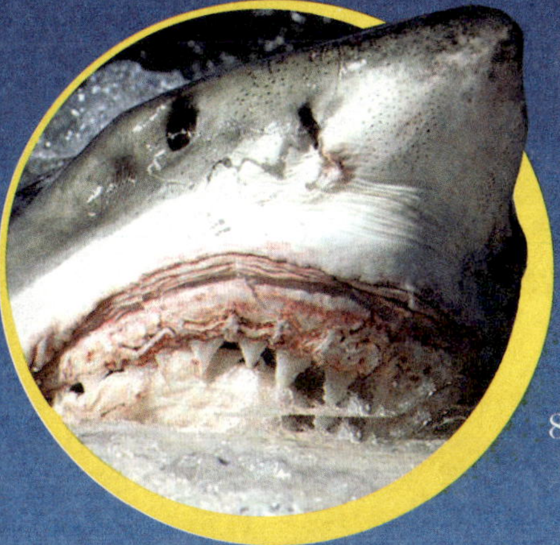

袭击人并非天性

据统计，每年在海中游泳的人数以亿计，但遭到鲨鱼攻击的可能性只有五百万分之一。在这五百万分之一中，80%只是受了点儿伤而已。噬人鲨虽然名

字恐怖，但并没有伤人、吃人的爱好。相比之下，人类对噬人鲨的捕杀数量却高得惊人。

那么，为什么还是有少数的噬人鲨会主动袭击人呢？对此，人们的看法五花八门，尚无定论。

观点一：“探测器”太兴奋

噬人鲨等鲨鱼的嘴周围生有体孔，能分泌黏液，有探测的功能，能接收垂死动物发出的信号。当人在海中用捕鱼器捕鱼的时候，噬人鲨的“探测器”过度兴奋，误把人当成垂死的动物进行捕杀。

观点二：误把人类当海兽

噬人鲨爱吃海狮、海豹等脂肪厚、肉多的海兽，人类对它们来说，并不可口。人类遭受噬人鲨袭击而死的原因，通常不是被噬人鲨吞食，而是失血过多或细菌感染。相当数量的科学家认为，有时落水者或冲浪游泳的人，看上去与海狮、海豹有几分相似，让噬人鲨产生误会，从而被攻击。

观点三：体内紊乱论

这种观点认为，噬人鲨体内有某种平衡机制，当这种机制被打乱，又恰逢人类出现时，噬人鲨就会向人类进攻。

观点四：自然天性论

这种观点认为，噬人鲨虽然不爱吃人，但在饥饿或受到鲜血刺激时，并不介意把人类当成点心，这很可能是一些噬人鲨攻击人类的原因。

防鲨秘籍

不要在黄昏、清晨或浑水中游泳。鲨鱼的视力相对一般，在这些情况下，可能将人误认为海兽。

不要在有未结疤伤口的情况下，下海游泳。鲨鱼对鲜血非常敏感。

不要在鲨鱼猎物喜欢聚集的地方游泳。

远离沙洲、海中小丘或水下陡坡，那是鲨鱼喜欢待的地方。

在海中游泳时，不要乱扑腾，要尽量四平八稳地运动，否则鲨鱼会把人当成受伤的鱼。

在海上钓鱼时，不要让鱼饵在同一位置停留太久；使用鱼饵前，要让它们远离海水。

飞鱼“飞翔”之谜

鱼在水里游，鸟在空中飞，这是再平常不过的事情。不过，鱼可不止在水里游，有的是能“飞”上天的，它们就是飞鱼。

是滑翔，不是飞翔

大多数鸟类之所以能飞，最重要的原因是它们有一对翅膀。飞鱼没有翅膀，只有发达的鱼鳍，照样能离水而“飞”。只是，飞鱼不是飞翔，而是滑翔，即利用空气浮力在空中滑行。

飞鱼为什么要“飞行”呢？是在玩耍、炫耀，还是为了捕食、透气？都不是。飞鱼往往只在遭遇危险时才会“起飞”。也就是说，滑翔是飞鱼的逃生手段。此外，当飞鱼受到轮船引擎震荡声的刺激

时，也会破水滑翔。

但有时候，飞鱼由于兴奋或生殖等原因也会跃出水面。有时候飞鱼则会无缘无故地起飞。

和鲫鱼、鲤鱼等我们经常看到的鱼相比，飞鱼的身材要苗条一些，摆脱了“大肚腩”，长得“骨瘦如柴”，这能为它们的“飞行”减轻负担。

一般的鱼的胸鳍多是短小的，飞鱼的胸鳍则又长又大，张开的时候像小鸟的翅膀一样，这有助于身体腾空而行。

飞鱼的尾鳍虽貌不惊人，但力气很大、动作灵活，可为滑翔提供动力。

当飞鱼遭遇敌人追击的时候，首先要“助跑”一下，利用尾鳍加速游走，把游泳速度提高到最快，并大力拍打水面，进而使得身体弹起，跃出水面。

跃出水面后，飞鱼华丽的“翅膀”——胸鳍就会张开，这时尾鳍也不会闲着，而是剧烈摆

动。就这样，借助胸鳍产生的上升力和尾鳍产生的前进力，飞鱼便“飞”起来了。

飞鱼可以连续滑翔。一次滑翔结束后，尾鳍再次拍击水面，把身体推起来，进行第二次腾空之旅。

惊心之旅

滑翔而起，并不代表就远离了危险。相反，飞鱼常常为此付出惨痛的代价。有时候，飞鱼因滑翔逃脱了恶鱼的追捕，却成了海鸟的猎物。还有的时候，飞鱼下落时，不幸落在了轮船的甲板上或者礁石上，只能乖乖等死。

神奇本领如何来

飞鱼滑翔的原因，我们已经知道了。那么，海中这么多鱼类，为何

偏偏飞鱼能“飞”呢？这种本领是如何进化而来的呢？由于飞鱼在进化环节的相关化石严重缺失，目前科学家还不能就此给出明确的答案。不过，近年来中国科学家有了新发现。

中国科学家在考察时发现了6个怪鱼的完整化石，化石距今约2.4亿年。这些史前怪鱼是现代飞鱼的祖先，最长约5厘米，生活在远古海洋中，以浮游生物为食，是海洋爬行动物和较大食肉鱼类的猎捕对象。

随着对飞鱼化石的深入研究，科学家提出大胆猜想，即飞鱼的滑翔本领很可能是逐步进化而来的：首先进化出能帮助它们适应上层水域生活的头骨；接着进化出非对称尾鳍，帮助身体从水中弹射出来；后来，使它们能在空中滑翔的大胸鳍应运而生；最后，鳞片退化，体重减轻，以增进滑翔的效能和机动性。

盲鱼之谜

在重庆市武隆县，有一个叫梦冲塘的水塘。2005年，由于梦冲塘外的大坝维修，人们将梦冲塘里的水放干，竟然发现了一种传说中的盲眼怪鱼。

美丽的传说

传说，蔡龙王的三女儿蔡梦冲，常常在梦冲塘边梳洗打扮，因而常常被到塘边挑水的人看到。三龙女不想让凡人看见自己，又舍不得离开水塘，就化身红鱼潜入其中。从此再没有人见到过她的身影。

传说毕竟是传说，但龙女不存在，并不代表神鱼也是杜撰。早在古代，就有关于此鱼的记载。

现实中的“三龙女”

梦冲塘里的怪鱼没有眼睛，全身披着肉红色并呈半透明状的“衣

服”，上上下下找不到一枚鳞片，须条发达，长长的胸鳍上方长着一对奇异的白色“囊泡”。科学家研究发现，这种鱼既不是怪物，也不是龙女化身，而是鲤科条鳅亚科的一类成员，人们根据其产地和特征，给它们取了一个好听的名字——武隆丽条鳅，也叫白泡盲鱼。

自然而然瞎了眼

白泡盲鱼的眼睛是怎样退化的？没有了眼睛的帮助，它们又是如何捕食的呢？

现在较为公认的观点是：白泡盲鱼生活在地下暗河或地下溶洞里，那里终年昏暗无光，白泡盲鱼的眼睛发挥不了太大作用，久而久之就退化了；眼睛靠不住，白泡盲鱼只好求助其他器官。它们的触须、长鳍及鼓起的泡泡非常敏感，能及时感应周围环境的细微变化，进而很好地捕食、逃生。

白泡盲鱼虽然存在的历史久远，但在人类的记载史上，还是新成员，人们对其来源、演化方面的认识还很有限。想了解它们更多的秘密，只能寄希望于科学家的进一步研究了。

美洲也有盲鱼

在鱼类中，白泡盲鱼并非唯一眼盲的成员，墨西哥脂鲤的“视力”也相当差。和白泡盲鱼不同，墨西哥脂鲤出身明了——它们是由美洲一种普通的脂鲤进化而来的。它们生活在洞穴中的暗河里，身体细长、侧扁，颜色鲜亮，尾鳍像叉子，头短小。

眼盲能识物

有一天，科学家在清理墨西哥脂鲤的鱼缸时，发现自己一移动吸管，幼鱼就会朝吸管的影子追去。科学家很奇怪，这种反应，一般是那些生活在阳光充足地方的鱼类才会有的，墨西哥脂鲤是怎么感知光的呢？它们的眼部组织并不能感受光色素哇！

科学家继而对墨西哥脂鲤幼鱼的眼部组织进行了切除，发现幼鱼依然能感知光。由此可见，墨西哥脂鲤能视物，和眼睛无关。

神奇的第三只眼

二郎神额头中央长着第三只眼，墨西哥脂鲤很可能也有第三只眼。不过这只“眼睛”我们看不到，它藏在墨西哥脂鲤的脑子里，叫松果体。科学家把墨西哥脂鲤幼鱼的松果体切除后，发现它们失去了对光的感知能力。

英国的视觉色素专家吉姆·波马克表示：“越来越多的证据显示，一些动物的松果体能够起到类似眼睛的作用，墨西哥脂鲤也不例外。”

松果体不是最终答案

显然，松果体能够帮助墨西哥脂鲤感知光。可是，这种盲鱼同白泡盲鱼一样，是生活在黑暗中的，不需要靠感知光来生存。既然眼睛会因需求降低而退化，松果体为什么不退化呢？它存在的意义又是什么呢？不知将来哪一位科学家能回答这些问题。

鱼的记忆之谜

有人说，给金鱼喂食的时候不要太频繁，因为金鱼的记忆只有7秒，它们会忘记自己刚吃过东西而不停进食，直到撑死。美国流传的一种说法更夸张，认为金鱼的记忆不到3秒。哪种说法是科学的？

别把金鱼看扁了

金鱼真有那么健忘吗？20世纪60年代，就有科学家着手研究金鱼的记忆力了。1965年，美国密歇根大学的研究人员做了一个实验。他们把金鱼放在一个长鱼缸里，在鱼缸的一端射出一道亮光，20秒后，再在这端释放电击。

金鱼被电击吓住了，很快就形成了记忆。当它们看到亮光的时候，不等电击释放到水里就逃到鱼缸的另一端。研究人员还发现，如果接受合理的训练，这些金鱼可以在长达一个月的时间内记住躲避电击的技巧。

实验证明，金鱼远没有人们想象的那样健忘。

喜欢“陌生人”的天堂鱼

强记忆力并非金鱼独有。当发现鱼缸里的新同伴时，天堂鱼会好奇地绕着它游来游

去，直到新鲜劲儿消失为止。如果把新来的鱼拿走，隔段时间再放回鱼缸里，天堂鱼会很快认出“老熟人”而失去探索的兴趣。人们发现，天堂鱼这种记忆力可以保持3个月之久。

鱼也有健忘症

同一个人在不同环境、不同时间的记忆力会有差别，鱼也如此。

2002年，美国俄亥俄州的研究人员利用斑马鱼做了几项实验，他们发现，斑马鱼记忆力很强，可以很快走出迷宫，或根据提示找到食物，但在特殊的条件下，它们也会产生健忘现象，如在实验中被施加的压力太大，因注意力分散而学习能力下降等。此外，年老体衰的斑马鱼远没有“年轻人”记忆力好，甚至会得健忘症。这和人类何其相似！

鱼有长期记忆吗

对人类来说，记住几十年前的事情并不是多难的事。鱼也有这样的长期记忆吗？很可惜，相关的科学研究十分有限。因为很多种类的鱼根本活不了这么久，即使找到长寿的实验对象，也需要漫长的实验时间。

那么，如果我们把标准放低一些，将几十年改为几年或一年，会有鱼达到长期记忆的及格线吗？

鲶鱼

鲶鱼、金鱼都及格了

美国心理学教授埃里克森在一次偶然中发现，邻居在喂鱼前总要摇晃鱼食罐子，池塘中的鱼听到罐子的晃动声后，会纷纷聚拢而来，准备进食。

受此启发，埃里克森决定亲自做一个实验。他在家里的鱼池里养了一些鲶鱼，每次喂鱼时，都要大喊几声："鱼！鱼！"这样一连训练几个月，埃里克森发现，每当他喊话的时候，总有19条鲶鱼游到他的身边。第二年夏天，他重复进行了实验，这次有16条鱼听从他的口令。5年后，他再次重复实验，竟然有9条鱼闻声而来，次日，数量增加到13条。由此，埃里克森认为，鱼不仅有记忆，而且有些记忆可以保持数年之久。

无独有偶，加拿大的鱼类学家皮彻通过金鱼实验，同样认为鱼类拥有长期记忆。遗憾的是，不论是埃里克森还是皮彻，他们的实验都不够正式，无法为此难题一锤定音。

谁让鱼有记忆

现在我们知道了，鱼是有记忆的，而且记忆力远不像传说中的那么差。但问题又来了，为什么鱼会有记忆力呢？这个问题更难解答，科学家只提出了一些初步设想。比如，日本一位遗传学专家认为，鱼的大脑和人类一样，具备多种功能，鱼也是通过大脑来记忆的。

大麻哈鱼“回家”之谜

大麻哈鱼是鲑鱼的一种，在江河淡水中出生，在海洋中长大，产卵之前，又会回到淡水里。从海洋到江河湖泊，路途遥远，大麻哈鱼不辞辛苦，从不迷路。

艰辛的回家之旅

大麻哈鱼的回家之旅，可谓劫难重重。

首先，由于大麻哈鱼味道鲜美，在回家的沿途，许多陆生动物聚集而来，对其虎视眈眈。在北美洲的大麻哈鱼洄游区域，有200多种动物将大麻哈鱼当作美味的食物，如北美灰熊。

其次，江河湖泊向海流，大麻哈鱼反向而行，会遇到很多高落差的水流，如瀑布。这时，它们须冒着摔死、被捕杀的风险，纵身而起，跃过障碍。这一跳，相当于一个人跳过四层楼的高度。

知识快递

洄游是一些鱼类的主动、定期、定向、集群、具有种的特点的水平移动，洄游的距离随种类而异。按目的分，洄游可划分为生殖洄游、索饵洄游、越冬洄游等。除了大麻哈鱼，白鲑、小黄鱼、鳗鲡也有洄游习性。

再次，突然回到江河，大麻哈鱼会因缺盐产生不适反应，为了活命，它们往往要停止进食，甚至停止喝水。

伟大的母亲

大麻哈鱼不辞辛苦回到陆地淡水中，是为了繁殖下一代，因为它们的卵只能在淡水中生存。一般太平洋大麻哈鱼洄游产卵后都会死去，它们腐烂的尸体滋养了江河，也为它们成长中的孩子提供了充足的食物。但大西洋大麻哈鱼则不然，它们是年复一年地洄游产卵。

身藏指南针

大海与河流，相隔千万里，大麻哈鱼却从不迷路。难道它们体内有

功能强大的指南针吗？

最新研究提出一种假设，大麻哈鱼的大脑中有一种铁质微粒，这种铁质微粒像指南针一样，能够帮助它们在地球上准确找到前进的方向。具体来说，地球上的不同地区，磁场和磁波都有差异，一旦大麻哈鱼成年，就会利用磁场差异和脑袋里关于出生地的磁记忆进行导航，最终重归故里。

牢记家乡味

“磁场说”是目前较被公认的观点，但反对者也大有人在。有研究者称，大麻哈鱼能对自己幼年生活环境中的气味形成强大记忆，这才是它们顺利“回家”的主要原因。

鱼类袭击船只之谜

人类驾船捕鱼的事情很常见，鱼类袭击船的事情就不多了。科学家经过研究发现，鱼这么做，不为吃、不图喝，原因还挺复杂。

“巴尔巴拉”号遇袭

据说，第二次世界大战期间，英国有条油轮叫“巴尔巴拉”号。一天，它正在海面安然地航行。不料，一条长嘴细身的怪鱼乘着巨浪朝船身扑来，“扑哧”一声，就把油轮扎了个窟窿。扎了一下，又拔出“利剑”再次进攻，直到“利剑”被卡住了才作罢。

旗鱼变“鱼雷”

人们很快就揭开了怪鱼的真面目，它是一条旗鱼。旗鱼性情凶猛，上颌又长又硬，能将很厚的船板刺穿。除了“巴尔巴拉”号，还有一些船只也遭到了旗鱼的袭击。有只旗鱼甚至用尖嘴刺穿了厚达50厘米的木制船底板。现在这块木板还陈列在英国

伦敦博物馆里。

需要说明的是，有种叫箭鱼的鱼，不仅长得和旗鱼很像，性情也很相似，也有攻击船只的习性。

发狂的原因很复杂

为什么旗鱼、箭鱼要袭击船只呢？尽管没有确定最终答案，但有三种观点流传较广。

第一，旗鱼、箭鱼游动速度太快了，以至于当前面出现障碍物时，根本来不及“刹车”或掉头，于是就撞上了船。第二，旗鱼、箭鱼不喜欢鲸类，逮住机会就会对鲸类进行攻击，不过它们有时候眼神不太好，把船当成鲸鱼了。第三，船在海上航行时，难免会干扰鱼类的生活，旗鱼、箭鱼容易被激怒，出于报复心理，也可能展开反击。

鲨鱼蹭痒痒

凶猛的鲨鱼有时也会袭击船只，科学家认为，它们只是想利用船舷蹭痒痒而已。鲨鱼身上有时会附着寄生物，导致皮肤奇痒无比。鲨鱼没法儿自己抓痒，也不能把寄生物都弄掉。发现船只后，它们就会追上去，用自己的背去摩擦船舷，进而达到蹭痒痒的目的。

比目鱼之谜

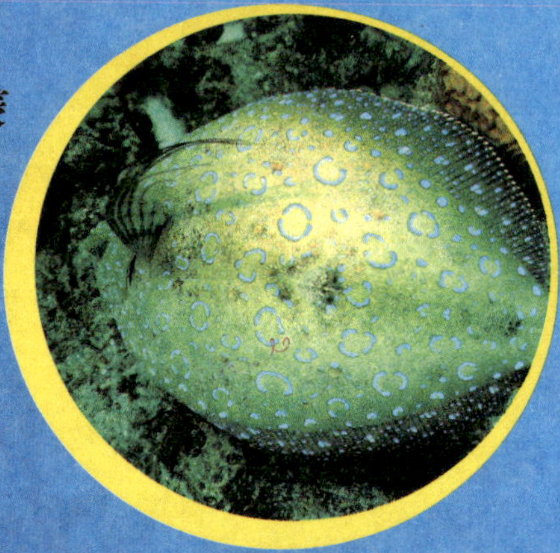

“得成比目何辞死，愿作鸳鸯不羡仙。”古人认为比目鱼单条行动看不清路，必须两条并排在一起才能正常运动，便给它们取了这个怪名字，还用一首首诗歌来赞美它们。

基本特征

比目鱼的称呼可多啦，比如鲽鱼、獭日鱼、塔么鱼……成年比目鱼身体侧扁，不同种类形状不一，有长椭圆形的，有卵圆形的，还有长舌形的。这种鱼一般生活在海洋中，有些种类也可以适应淡水环境，还有些种类一辈子都在淡水里生活。

实际上，比目鱼并没有古人想的那么笨，也并非成双成对地形影不离。造成人们误解的原因是，它们的眼睛都长在身体的一侧。

小时候很“正常”

比目鱼的眼睛是不是天生就长在一侧呢？其实，刚刚孵化出来的小比目鱼的眼睛和其他鱼类的一样，是长在头部两侧的。不过，当它们长到1厘米左右的时候，身体就开始发生变化。这种变化就像一只搞破坏的手，让小比目鱼的身体变得摇摇晃晃。为了保持平衡，它们只能把身体侧过来，游泳、觅食、观察敌情。

眼睛“搬家”了

小比目鱼出生20多天后，身体便会发生奇怪的变化，其中一只眼睛会移动到别处！这只眼睛在眼下软袋的推动下，通过头的上缘，逐渐移动到对面的一边，直到跟另一只眼睛接近时，才停止移动。那么，眼睛在移动时被骨头拦住了怎么办？不用担心，比目鱼的头骨是由软骨构成的。当比目鱼的眼睛开始移动时，两眼间的软骨会提前被身体吸收。这样，眼睛就可以毫无障碍地“搬家”了。

眼睛移动了，比目鱼的体内构造也发生了变化，这时，它们再也不

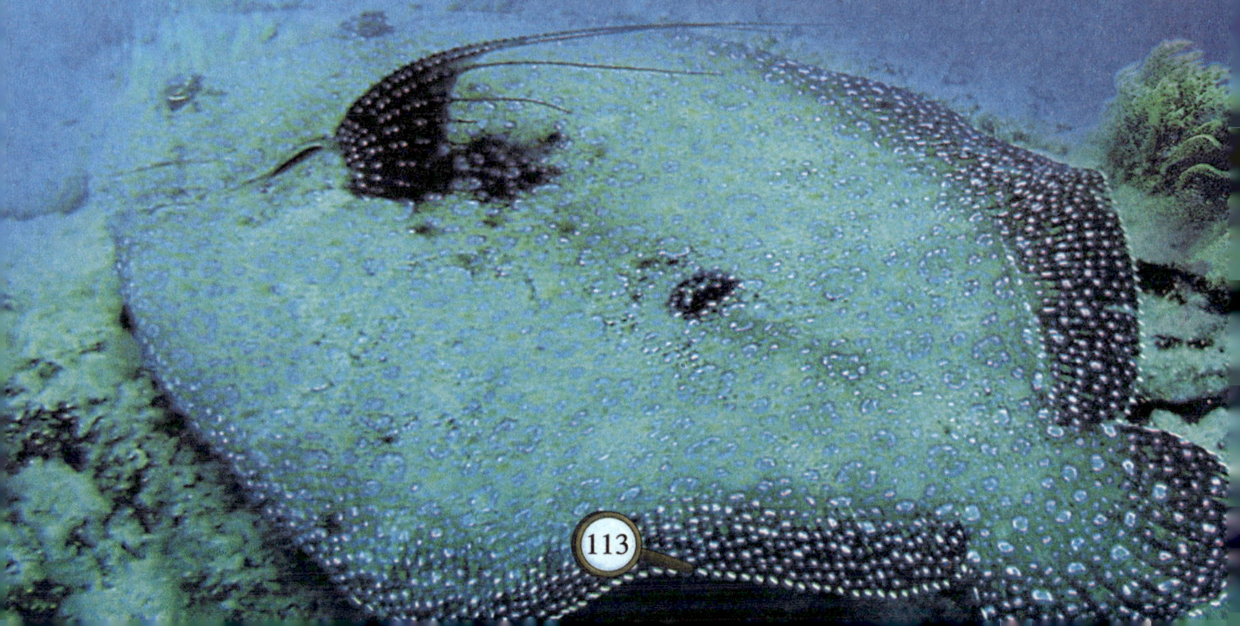

能去水面游玩了，只能横卧在海底。

“搬家”好处多

成年比目鱼已经不适合漂游生活，多数生活在浅海海底，那里食物充足，却也危险重重。它们大多数时候都紧贴沙质海底，与周围的环境融为一体。这时，贴着海底的一面身体显然用不到“视力”。所以，它们的两只眼睛都集中在朝上的那侧身体上，可以更好地发现食物和敌人。

为何要“搬家”

比目鱼的这种生理特征是如何形成的？几十年来，科学家们一直没有停止探究，但至今仍未能解开其中的秘密。

有人认为，可能是基因突变一次性地导致了眼睛的错位，假使此猜想为真，那么比目鱼便不是因为贴着海底生活，才使眼睛逐步搬家的，而是眼睛搬家导致它们不得已而贴着海底生活；还有人认为，可能是其中

一只眼睛随着时间的推移逐步改变了位置，这种观点和第一种相反，倾向于认为眼睛是因“生活所迫”才搬到一面去的。

可惜，不论哪种观点，都缺乏充足有力的证据。

重要的化石

2008年，人们发现了一枚原始比目鱼的化石。科学家称，它有5000多万年的历史了。

在这块化石上，比目鱼的一只眼睛位于头部右侧，另一只眼睛则位于头部左侧靠近颅骨顶端处。巧合的是，现存的另一种原始比目鱼化石也有一只眼睛位于头部的中间。科学家由此推断：这枚化石所属的原始比目鱼似乎代表了比目鱼的眼睛由对称向不对称过渡的中间状态，进一步说明，比目鱼的眼睛极可能是随着时间的推移而逐步改变其位置的。

动物趣闻

2013年，一个德国人在挪威附近海域捕获了一条重约234千克的大比目鱼，这个德国人描述钓这条比目鱼的感觉时说“就像是把一艘潜水艇拉上来”。

这项结论着实令人振奋。然而，想给比目鱼的进化之谜一锤定音，我们还需要更多的化石证据。

鲨鱼生子之谜

鲨鱼生子有什么稀奇的？别急，我们要说的是，一些雌鲨鱼不需要雄性，就能生出宝宝来；换句话说，一些小鲨鱼，生来就没有父亲。

动物宝宝从哪儿来

动物界主要有两种基本的生殖方式：一种是有性生殖，一种是无性生殖。我们拿山羊和蚜虫来举例。一般地，雌山羊只有和雄山羊结合后，才能怀胎生出羊宝宝，这是有性生殖，狮子、老虎、鹿、天鹅、鲨鱼等也属于此类。而蚜虫，不需要跟异性结合，自己就能繁殖出新的个体来，这是无性生殖，水螅、草履虫等也属于此类。

不可思议的双髻鲨

有性生殖的动物不通过和异性结合，也能产出新的个体吗？很多人

豹纹鲨的卵

认为，答案是否定的。

然而，一条双髻鲨让科学家大跌眼镜。

这条双髻鲨生活在美国内布拉斯加州亨利多立动物园，不知为何，它产下鱼卵，成功孵出小双髻鲨。科学家困惑不已，因为这条雌双髻鲨在水族缸里生活了3年，从没见过雄双髻鲨，它所有的伙伴都是雌性。随后，一些科学家通过DNA测试进行了深入研究。结果证实，新诞生的小双髻鲨的确没有父亲。

除了双髻鲨，其他种类的鲨鱼中也出现了这种古怪的现象：

澳大利亚昆士兰一个水族馆内，一条雌性豹纹鲨未同雄性结合，便自行产下41枚卵，其中3枚孵化出小豹纹鲨。

德国巴伐利亚州动物收藏研究中心的科学家，对一个历史博物馆里饲养的一条条纹斑竹鲨进行了测试，发现它同样没有父亲。

孤雌生殖

类似上述例子，卵不经过受精也能发育成正常的子代的现象，叫“单性生殖”或“孤雌生殖”。为什么在诸多鲨鱼身上会出现这种现象呢？科学家依然在探索之中。

清洁鱼之谜

美丽的海洋礁石丛中，杀机四伏。一只披着斑点的大海鳝钻出石缝，张大嘴，吓得小鱼们四处逃窜。可是，偏偏有一条小鱼主动“献身”，将脑袋伸进大海鳝的大嘴里。这是怎么回事？是大海鳝伪装得太好，还是小鱼自寻短见？

瞧瞧医生什么样

不要为这条小鱼担心，它不是自投罗网，而是在给大海鳝治病。人生了病，要去看医生；鱼生了病，有时也可以求助“医生”。这“医生”就是清洁鱼。

清洁鱼的中文学名是霓虹刺鳍鱼，人送尊号“鱼医生”“鱼大夫”。它们身长只有5厘米左右，黑色和亮蓝色条纹相间，从眼睛一直延伸到尾部末端。

小脑袋伸进大嘴里

鱼和人一样，会受到细菌等微生物和寄生虫的侵袭。这些家伙黏附在鱼鳞、鳃、鳍、嘴巴里，就会使鱼染上疾病。另外，鱼之间常常发生战争，受伤在所难免。

清洁鱼是诸多伤员、病号的救护神。看病的时候，清洁鱼会用尖嘴清除患者身上的微生物或坏死的细胞。如果病在口中，清洁鱼就得钻进患者的嘴里工作。

医术高明的鱼医生

有科学家做过实验，在一定的水域里，科学家把所有的清洁鱼都请出去了。结果，只过了两周，他们就发现很多鱼都生了病，而在有清洁鱼的水域里，鱼依然健健康康地生活着。由此可见，清洁鱼的医术有多么高明。

看病也得掏药费

鱼大夫看病是有利可图的。患者身上的细菌、寄生虫或烂肉，对清洁鱼来说，都是美味佳肴。清洁鱼通过看病，来维持自己的生存。

清洁鱼没有厉害的武器，也没有高超的防身术，倚靠一身医术，与其他鱼类互惠互利、和平共处。

动物趣闻

在海洋里，生活着40多种清洁鱼。它们的“医院”一般设在有珊瑚礁或岩石突出的地方。它们不分昼夜地工作着。有人曾发现，一条清洁鱼在6个小时内医治了数千条病鱼。

重重谜团待解开

清洁鱼治病的原因和方法我们已经知晓了，可其他问题还没有答案。比如，为什么清洁鱼不会被细菌、寄生虫伤害？其他鱼是怎么知道清洁鱼会治病的？诸多鱼类都不吃清洁鱼，是因为知晓清洁鱼能治病吗？目前，对科学家来说，这些都是棘手的问题。

探索·发现
——世界上十大“水中魔鬼”

潜水是一项大家都很喜欢的运动，然而真正地潜入深水非常不容易，不仅要面对艰苦的环境，还得小心种种“魔鬼鱼”。我们一起去看看这些“水中魔鬼”的样子有多恐怖吧！

翻车鱼

翻车鱼又称翻车鲀、曼波鱼、头鱼。它们的外形酷似翻倒的车子，又像没有下半截身子的大鱼头。雌鱼一次产卵量可达3亿粒，是鱼类中产卵数最多的。还好绝大多数卵都不能成活，否则，整个海洋就是翻车鱼的天下了。

翻车鱼

欧洲巨鲶

这种鱼能活80多年，最大的纪录为5米长、300千克重。长长的身体上有着如锡箔般的花纹，没有鳞，宽扁的头上长着一张惊人的阔嘴，性情十分残忍。

欧洲巨鲶

巨型黄貂鱼

巨型黄貂鱼

这种鱼是世界上最大的淡水鱼之一。成鱼体长可达4米多，体重可达300多千克。尾巴像一条长长的鞭子，根部有一根刺，非常锋利，能刺穿敌人的皮肤和骨骼，向敌人体内注射毒液。它们常常将自己埋在沙子里或淤泥河底，通过身体顶部的喷水孔呼吸。

密西西比匙吻鲟

密西西比匙吻鲟成鱼长可达2.2米，体重可达100千克。长相怪异，生有长长的吻，活像扁平的船桨，吻下的大嘴常常大张着，十分吓人。实际上，它们以浮游生物、甲壳动物等为食，不会伤人。

密西西比匙吻鲟

巨骨舌鱼

巨骨舌鱼

巨骨舌鱼又叫海象鱼。身体长，稍侧扁，口大无须，鳞片大而硬，体形笨重，行动缓慢。巨骨舌鱼模样虽怪异但颜色美丽，是南美大陆最大的淡水鱼。

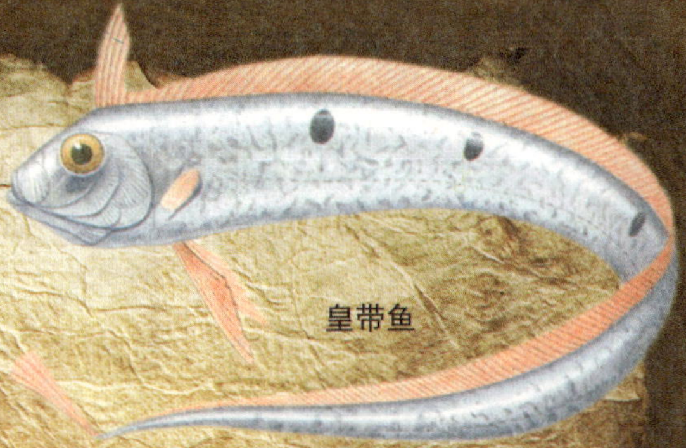

皇带鱼

皇带鱼

它们长得威风凛凛，身体呈亮银色，鳍为红色，长长的背鳍美丽如丝带。皇带鱼是世界上最长的硬骨鱼，体长可达15米，但普遍约为3米。皇带鱼常被人认为是横扫海底的怪兽。

哲罗鲑

哲罗鲑

哲罗鲑是一种冷水性的淡水食肉鱼，捕食鱼类及依水生活的蛙类、蛇类、鼠类、鸟类等。成鱼体长约2米，体重可达50千克。它们大部分时间生活在水流湍急的淡水中，性情粗暴但十分珍贵。有人认为传说中的喀纳斯湖水怪，其实就是哲罗鲑。

毒蛇鱼

毒蛇鱼

毒蛇鱼生活在深海中。它们有一双大而凸的眼睛和一张大嘴，大嘴里长有长短不一的尖牙。它们的牙如此之长，以至于无法安放在嘴里，下牙向后一直弯曲都快碰到眼睛了，样子十分恐怖。毒蛇鱼体侧、背部、胸部、腹部和尾部均有发光器。

毒蛇鱼

食人鲳

食人鲳又叫食人鱼，下颚宽大，牙齿犹如剃刀一样坚硬锋利。其性情十分残忍，有人曾目睹一群食人鲳在短短数秒内将一头牛撕成碎片的可怕景象。它们不仅对人有攻击性，对同类也毫不留情。

食人鲳

电鳗

它们生活在南美洲亚马孙河和奥里诺科河，尾部很长，其两侧各具发电器一对，常常能放出三四百伏的电压，有时甚至还能放出高达七八百伏的电压。

电鳗

第四章

两栖动物和爬行动物

温顺灵巧的青蛙急起来竟然大打出手；木讷的蟾蜍死到临头竟以爆炸泄愤……究竟是什么原因让这些小家伙失去了理智？

毒蛇懂得以朝圣来报恩；鳄鱼会流泪，还与小鸟互助互爱……这些冷血动物也有温情的一面？

大量两栖动物灭绝之谜

两栖动物曾和恐龙生活于同一时代，并一直繁衍至今。但近年来，它们的种类和数量都在大幅度下降，已成为全球化问题。

小动物也烦恼

很多人认为大块头的动物更容易灭绝。其实，随着生活环境的恶化，蛙类等小动物同样处境艰难，甚至可能“抢”在大动物之前在地球上消失。

两栖动物虽然大多个头儿娇小，吃得少，活动的空间也不大，但对环境的适应性不是很强。有时，栖息地环境一个极小的变化，也会给一些种类带去灭顶之灾。

是谁在行凶作案

近年来，大西洋沿岸的森林里很不平静，大量两栖动物离奇灭绝。各地的科学家纷纷展开行动，誓要找到凶手。巴西科学家经过调查研究，

使“案情”有了突破性进展。

巴西科学家认为，由于人类的不合理活动，大西洋原始森林被分割成许多与外界隔离的小区域，相应地，大量动物也被限定在一个个小区域里，不仅生活空间减小了，能接触的同类也变少了。长此以往，遗传交换困难，近亲繁殖现象大量出现。而两栖动物对环境变化十分敏感，再加上幼年和成年的生活环境不同，在这场灾难中，它们自然首当其冲，大量死亡。

壶菌也是嫌疑犯

栖息地分割、环境污染、物种入侵、疾病蔓延、气候变化等，都会威胁两栖动物的生存。但是很多科学家认为，比起这些原因，壶菌才是两栖动物快速、大量灭绝的罪魁祸首。

对两栖动物来说，壶菌能引起致命的皮肤传染病。当壶菌蔓延到一定程度，可以杀死所有两栖动物。近期一项研究成果表明，全世界有50多个国家500多种两栖动物感染壶菌，其中相当数量的两栖动物已经因壶菌而灭绝。

栖息地分割和壶菌到底谁是真凶呢？我们期待科学家尽快找到答案，挽救两栖动物。

石头里的长寿蟾蜍

古时候，大臣常常对着皇帝喊："万岁，万岁，万万岁。"从古至今，没有任何一个人能活到万岁，甚至活过百岁都算稀罕事。不过，人类没有做到的事情，两栖动物可能做到了。

石中蟾蜍

1782年4月，巴黎近郊的采石工人从地下石灰岩层中开采出一块巨石。当巨石被砸开后，在场所有人都惊呆了。原来，里面竟然藏着4只活着的蟾蜍。这些蟾蜍分散开来，各有各的窝。窝比蟾蜍大一些，表面盖着一层松软的泥土。蟾蜍离开石头后，没有不良反应，能在地面上正常活动。

采石工人赶紧将蟾蜍抓住，其中较肥大的一只被一位生物学家取走

做了标本。不久后科学家测定，这个石灰岩层形成于100万年前，所以，这4只蟾蜍已经有100万岁高龄了。

无独有偶，1865年，《科学美国人》杂志刊载了一篇关于石中蟾蜍的文章。文章写道，一名银矿工人在一块直径约60厘米的石头里发现了一只蟾蜍，蟾蜍长得很胖，有一双大眼睛，人们试图通过木棍挑逗的方式让它跳起来，但它不理不睬、举止木讷。

石中青蛙

蟾蜍能在石头里存活，青蛙也可以。1733年5月，两名工人在瑞典万林格博的采石场开采砂岩时，在凿开的石头中发现了一只大青蛙。这只青蛙处于昏睡状态，嘴巴上有一层黄色的薄膜。一名采石工用铁铲把那只青蛙打死后，青蛙尸体被送给了斯德哥尔摩的一些学者进行研究。后来，这一发现被登在了《学会会刊》上，还激发了洞中青蛙版画的产生。

砂岩是一种碎屑岩，要经过千百年的演化才能形成。由此可知，这只石中青蛙的寿命同样高得令人咋舌。

石中青蛙事件并非仅此一例。1946年，石油地

质学家在墨西哥一个深矿层内，也发现了一只活着的青蛙。据分析，这只青蛙的年龄比巴黎采石工人发现的蟾蜍的年龄还要大。

知识快递

休眠分为冬眠和夏眠。冬眠又叫冬蛰，是熊、蝙蝠、刺猬、极地松鼠、青蛙、蛇等动物在冬季休眠的习性；同样道理，夏眠也叫夏蛰，是南美肺鱼、草原龟等动物在旱热季节休眠的习性。

为何躲进石头里

有科学家推测，百万年前的一个深秋，蟾蜍和青蛙纷纷进入休眠状态。不巧的是，刚好赶上地壳变动，休眠地周围的淤泥变成了岩石。这些岩石看起来密不透风，其实分布着很多微小的缝隙。空气和水分等可以通过缝隙进入岩石里，为里面的动物提供生存条件。

在石头里吃什么

可是，蟾蜍、青蛙即使身材娇小，也是要吃东西的，它们被困在石头里，去哪儿找虫子吃呢？科学家进一步指出，这些幸运儿几乎不用吃东西。岩石很好地隔绝了外界天气变坏的刺激，使得内部环境

保持“恒温”。在这种条件下，蟾蜍或青蛙的新陈代谢降到了最低，几乎不用消耗热量，热量保持住了，存活个上百万年就成为可能了。

还有科学家提出另外的观点：蟾蜍和青蛙在休眠时，体内含有一种甘油，这才是它们长寿的秘诀。

科研样品太少

尽管蟾蜍和青蛙都有在岩石里生存的可能，但开石见蛙、见蟾的事情实在少见，缺乏可供研究的样本，相关的记载不仅多已距今久远，一些报道也不免有添油加醋之嫌。所以，在今后很长一段时间内，人们都不能给出为何石中蟾蜍和青蛙得以存活、长寿的确切答案。

青蛙自相残杀之谜

俗话说：“兔子急了会咬人。”青蛙急起来，更是不可小觑。它们一改温顺的品性，在农田里大打出手，死伤遍地。别不信，这不是耸人听闻。

水坑群殴事件

1977年春夏，广州遇到了罕见的大旱，直到9月，旱情才有所缓解。一场倾盆大雨后，农田里的庄稼都尽情地吸收水分，人们欣喜若狂。然而，一个郊区的水坑中却传出震耳欲聋的怪声。当地人们靠近一看，立刻目瞪口呆。只见数不清的青蛙你追我赶，你撕我咬，鲜血染红了水坑，尸体遍地可见。

究竟是什么原因导致青蛙失去了理智？人们还没研究出个所以然来，第二起惨案就发生了。

农田恶斗实录

1979年，在贵州的一处水田里，又有一群青蛙莫名其妙地发起狂来，成千上万的青蛙叫声如擂鼓，令人心悸。这些发狂的家伙，有的在水稻丛中追赶恶斗，有的在水洼里抱成一团厮杀。大战过后，鲜血淋漓，残肢随处可见。

青蛙自相残杀并不是中国独有的现象，早在1970年，马来西亚就发生过类似的惨案。

1970年，在马来西亚首都吉隆坡的一个泥潭内，上万只青蛙失控了。这场青蛙大战不仅场面惨绝人寰，时间也相当长——持续了一周多。

1981年12月的一个清晨，泰国南部的博他仑地区下起了毛毛雨，周遭没有任何异常。然而，一位农民在途经一块积满水、杂草丛生的田野时，突然发现数不清的青蛙从农田里跳出来。这人一时被吓傻了，一度以为自己是被攻击的对象。

万幸的是，这些青蛙对人类毫无兴趣，它们聚集在一起，很快互相撕咬起来。战斗刚刚打响，又有几千只青蛙赶来参战。战斗结束后，田野上蛙尸遍地，侥幸存活的青蛙不是身负重伤，就是筋疲力尽。

或是求偶惹的祸

一些专家经过调查，找到了这几起青蛙群斗事件的共同点，即都发生在久旱的雨后。

专家进一步指出，两栖动物一生对水的需求都很大，尤其是蛙卵和蝌蚪，必须在水中才能成长。在大旱之时，青蛙不能产卵，只能让腹内的卵等待时机。当雨水从天而降时，雌青蛙、雄青蛙都纷纷出动，为后代奔波。雄青蛙首先选择合适的水域，大声鸣叫，呼唤爱侣。由于急于求偶的雄青蛙实在太多，当雌青蛙出现后，免不了你争我抢，场面也就混乱起来。有的雄青蛙会错抱在一起；有的雌青蛙会被几只雄青蛙紧抱，逃脱不得，窒息而死；有的青蛙会在争抢中“挂彩”乃至丧命；有的青蛙体质较弱，会在交配产卵时力尽而亡；有时，蟾蜍会混进青蛙中，蟾蜍喷射毒液，也会杀死青蛙……

疑点重重

求偶失控论有一定的科学道理，但也疑点重重。古今中外，久旱逢

雨的情况数不胜数，为什么群蛙恶斗的情况并不普遍？为什么这几起惨案集中发生在20世纪七八十年代的亚洲？难道其他时间其他地区的青蛙不会遇到这种问题吗？

其他猜想

针对上述疑点，不少人称，青蛙群斗与求偶没有太直接的联系，而是某种气候变化的前兆。但是，青蛙自相残杀之后，“案发地”的气候并没有很特别的变化。而且，如果此说法成立，青蛙应该在大雨之前自相残杀，而不是雨后。

另有人认为，是环境的异变引发的乱序。此观点同样没有找到充足的证据。

青蛙自相残杀之谜，已经困惑了人们几十年，不知何时才能解开。

知识快递

青蛙的祖先原本生活在水里，后来因生活环境改变，它们渐渐地从水里走向陆地。为了适应环境的变化，青蛙的尾巴变成了在陆地和水里都能运动的四肢，呼吸器官由鳃变成了肺。但是这种转变并不彻底，青蛙的幼年时代还是要在水里度过的。

青蛙“入侵”小镇之谜

青蛙自相残杀的事件，真令人心惊胆战。你知道吗？青蛙不仅会跟同类厮杀，有时还会跟自己过不去，主动求死。

吃蛙小镇

美国夏威夷的檀香山附近有一个小镇，镇民烹食青蛙的技术十分高超。1993年年初，人们早早听到蛙鸣声，纷纷赶去捕捉，却一无所获。他们怎么也想不到，不久之后青蛙竟会主动上门。

一天，一个镇民刚刚起床，发现六七只青蛙不请自来，就立刻把它们捉住做成了美味。这批青蛙还没吃完，又有一批青蛙闯进来了。其他镇民也遇到了这种情况。很快，数不清的青蛙纷纷冲进小镇。

动物趣闻

大多数蛙类雌性的体形都比雄性的大。巨蛙是世界上现存的体形最大的蛙，身长可达33厘米。它们没有声囊，也不会鸣叫，但它们的听觉非常灵敏。

美食变负担

青蛙将镇民的生活搅得一团乱。它们鸣声如雷，让镇民无法休息；

它们在屋子里到处乱窜，几乎占据了每一处空间；公路上也到处都是它们的身影，前面的死了，后面的冲上去，使得交通严重堵塞。奇怪的是，它们并不攻击人，只顾着前扑后拥。

毒蛇闻风而至

青蛙的问题还没解决，更大的麻烦就来了。不久，铺天盖地的青蛙引来了数不清的蛇，其中还有不少是毒蛇。青蛙不伤人，但毒蛇可不介意咬人几口。一时间，人心惶惶，小镇的交通几近瘫痪。直到一个多月后，镇民才将青蛙和毒蛇清除干净。

青蛙消失

青蛙为什么会你争我抢地冲进小镇？当地人一直也没找到答案。此外，蛙灾之后，小镇及其附近地区便很难见到青蛙的身影了。这又是什么原因导致的呢？为什么周围地区的青蛙也不“光临”小镇呢？问题同样无解。

蟾蜍自爆之谜

两栖动物界怪事连连。这边，青蛙忙着“入侵”小镇；那边，蟾蜍又自爆了。蟾蜍有什么事想不开呢？一起去探个究竟吧！

离奇爆炸吓坏了小学生

2005年4月，在德国汉堡市郊区的奥顿纳沼泽地，一群小学生正在老师的带领下郊游。突然，周围响起爆炸似的响声。他们环视四周，并未发现什么异状，以为是某个气球惹的祸，便继续玩耍。谁知没过多久，爆炸声再次响起，而且接连不断。老师和学生们都被吓坏了，纷纷聚拢在一起，以防受到伤害。

爆炸现场惨不忍睹

就在大家都被吓得瑟瑟发抖时，一个学生突然喊道：“快看，蟾蜍

要爆炸了！”众人顺着他的视线望去，看见一只蟾蜍膨胀成脸盆大小，并继续膨胀，不多时，“砰”的一声，蟾蜍爆炸了，皮肉弹了一米多高，内脏液体溅得四处都是。胆小的学生被吓哭了，几个胆大的则跟着老师慢慢靠近不远处的水洼，只见里面漂满了蟾蜍的尸体，所有尸体都呈膨胀状态。此外，还有些活蟾蜍也处于膨胀的状态。

环卫工人很快赶到了现场，将蟾蜍尸体收集起来，数量竟然有1000多。

蟾蜍到底怎么了

蟾蜍自爆事件引起了师生们的好奇，也引来了环保专家。环保专家提取了一些蟾蜍标本和水样回到实验室，经过初步检测，给出的判断是：蟾蜍们可能感染了某种奇怪的病菌，也可能因附近水源污染而产生了异化。

蟾蜍一心“求死”

蟾蜍自爆事件在当地引起了轰动，人们纷纷呼吁保护环境，给野生动物足够的生存空间。

然而，一位叫弗兰克的兽医则认为答案并非这么简单。

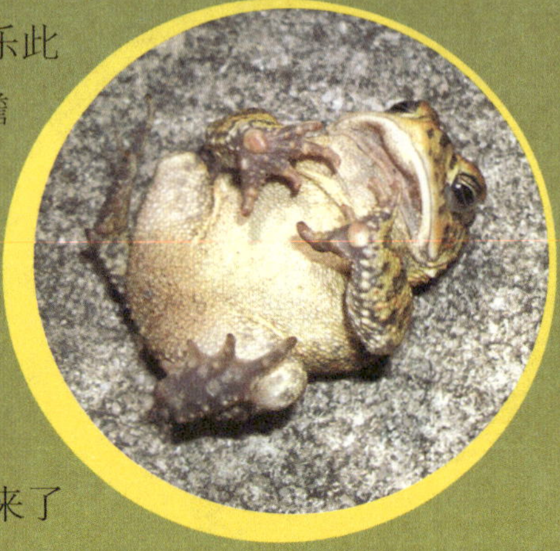

弗兰克来到水洼边，发现蟾蜍们仍在“乐此不疲”地自爆。他靠近一只正不断膨胀的蟾蜍，把它转移到平地上，试图阻止它自爆。可惜，这只蟾蜍不仅不知反省，反而更愤怒了，几分钟后，就被自己腹腔内的气体炸得四分五裂。

显然，接触蟾蜍身体只会令蟾蜍更愤怒，弗兰克只得放弃努力。他发现，蟾蜍尸体引来了许多乌鸦。乌鸦飞上飞下，不时啄食着蟾蜍的内脏。

乌鸦戏蟾蜍

蟾蜍自爆会不会跟乌鸦有关系呢？弗兰克干脆在沼泽地附近搭了个帐篷，以做进一步的观察。

这天，随着太阳逐渐升起，远处传来乌鸦高亢的叫声。很快，一群乌鸦飞到水洼上空，并急匆匆地俯冲下去，朝蟾蜍发动袭击。蟾蜍们严阵以待，立刻鼓起身体警告凶猛的入侵者，同时，耳后和身体上的腺体开始分泌白色的有毒液体。

不少乌鸦被蟾蜍分泌的液体吓住了，选择了放弃。但另一些乌鸦看起来很有经验，锲而不舍地啄食着蟾蜍的身体。蟾蜍见警告失效，只得继续胀大自己的身体，当皮肤再也无法承受腹腔内气体的压力时，内脏便从被啄开的血洞中弹射开来。

无可奈何而自爆

弗兰克检查了蟾蜍的尸体后，获得重大发现。乌鸦怕中毒，不吃蟾蜍的皮肤，但会在它们的皮肤上啄开一个洞，直接啄食肝脏。肝脏被啄走后，蟾蜍的胃部被刺穿，肺部萎陷，其他器官在体内气压的作用下便可能发生猛烈的爆炸。

弗兰克还发现，乌鸦只有在饿极了的时候才会这样攻击蟾蜍。长此以往，蟾蜍会遭受灭顶之灾。

难题尚未终结

弗兰克并没有给蟾蜍自爆之谜画上圆满的句号。在很多地区，蟾蜍都会遭遇乌鸦等鸟类的袭击，为何自爆现象没有普遍发生，而且爆炸程度也没有这般剧烈？奥顿纳沼泽地的乌鸦为何能准确把握蟾蜍肝脏的位置，一啄一个准儿？它们又是如何知道蟾蜍肝脏美味无比，值得冒着中毒的风险去衔取的？以上种种，科学家还在调查之中。

洞螈长寿之谜

2013年，有人称在昆仑山的洞穴里拍到了真龙，消息一经传出，立刻在各大网站引起轰动。后来人们发现，图片是好事者伪造的，所谓的“真龙”其实是洞螈。

“龙的幼崽”

洞螈在地球上已经存在很久了，被达尔文称为“远古生命的残骸”。它们主要生活在阴暗的洞穴里，身长小于30厘米，一生多数时间在水中度过，视力很差，时常将鼻孔伸出水面呼吸空气。由于长着半透明状皮肤，行踪诡秘，体形又与龙颇有几分相似，它们屡屡被误认为龙的幼崽。

长寿明星

洞螈的寿命很长。动物园里的洞螈可存活70年之久，野生的洞螈

在适宜的条件下则能活100多年。在没有食物的情况下，洞螈也能生活6年。法国生物学家沃伊图隆对捕捉到的成年洞螈进行过年龄统计分析，结果显示，洞螈的平均寿命是其他相应体重两栖物种的3倍。

神奇的自由基

对于洞螈长寿的秘密，人们只能猜测，因为洞螈十分珍稀，生存环境隐秘，不容易被发现并研究。

现在较流行的观点是，洞螈生活在阴暗寒冷的环境中，新陈代谢速率低。伴随着较低的新陈代谢速率，其体内会形成更少的自由基。自由基数量少了，细胞就不会很快衰老，生物则容易长寿。

沃伊图隆对上述观点提出怀疑。他指出，洞螈的新陈代谢速率与其他短寿命的两栖动物并没有太大的差异。

那么，洞螈长寿的秘诀究竟是什么呢？显然，人们还需要进一步观察研究。

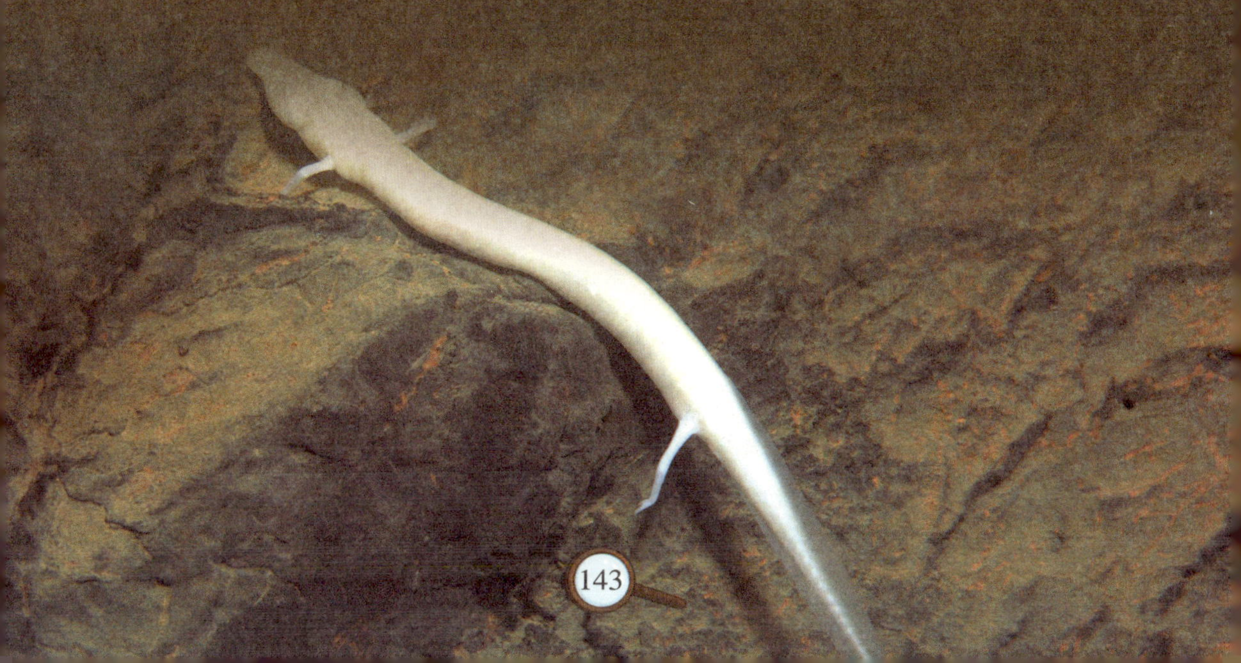

希腊毒蛇“朝圣”之谜

希腊的爱琴海上有个小岛，叫西法罗尼。在那里，每年8月6日到15日，都会有一群来历不明的毒蛇聚集在岛上的两座教堂前，令人匪夷所思。

毒蛇变“圣徒”

难道西法罗尼岛的教堂附近有什么可口的食物吗？不是的，这群毒蛇是不折不扣的“圣徒”。8月6日和8月15日，是纪念神的日子，前来聚集的毒蛇数量多达上千条，每条毒蛇头上都有一个类似十字架的奇怪标志。

“圣徒”不伤人

这种毒蛇外表恐怖，心地却很“善良”。它们都带有剧毒，人或动物被它们咬了，很快就会被扩散到全身的毒液毒死。但这些毒蛇世世代代都与岛上的居民和平共处，不仅从不伤害居民，还乐于接受人们的触摸。岛上的居民经常将它们缠绕在身上，

动物趣闻

响尾蛇是毒蛇，体长多在1.5～2米间，尾部末端有一串角质环，能发出响亮的声音。一般地，响尾蛇每蜕一次皮，蛇尾的响环就增加一节。不过圣卡塔利娜岛的响尾蛇例外，它们每蜕一次皮，响环就会减少一节。

说这样可以驱邪治病，保佑岁岁平安。

圣女变毒蛇

毒蛇“朝圣”现象在岛上已经连续发生130多年了，对此现象，当地流传着一个神奇的传说。

很久以前，一群凶恶贪婪的海盗登上小岛，将小岛洗劫一空，岛上的24名圣女也被掳走了。为了避免圣女遭到伤害，圣母将她们变成了一群毒蛇。强盗看到后，吓得落荒而逃。从那以后，这些毒蛇率领一众同类，每年在固定的日子前去教堂朝拜，以报答圣母的恩情。

谜团重重

这些毒蛇为什么会在每年的同一时间去教堂呢？它们的目的究竟是什么？有人认为，毒蛇“朝圣”的时期，其实也是它们交配繁殖的旺盛期，它们心急火燎地涌向某一个地点，是为了传宗接代。但这个解释很牵强。毒蛇在岛上其他的地方也可以交配繁殖，为什么非去教堂附近不可？它们头上为什么会有十字架形的花纹呢？这与宗教的纪念日有着怎样的联系？想彻底揭开毒蛇“朝圣”之谜，只能等待科学家继续研究和破解了。

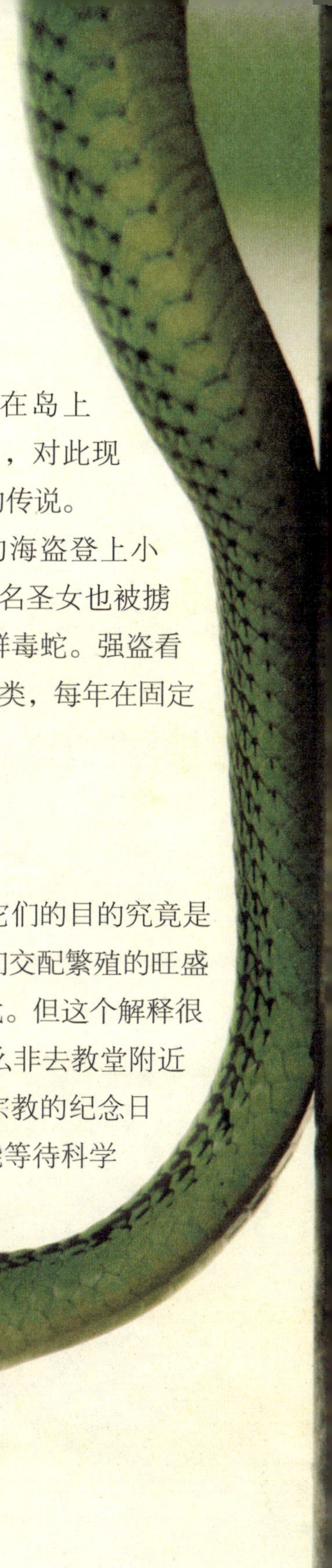

龟类长寿之谜

从古至今，无数人想长生不老，而龟类长寿人尽皆知，它们也就自然地成了人类重点研究的对象。大家一起来看看研究成果吧！

瞧瞧这些长寿龟

一位西班牙海员曾经捕到一只海龟，体长达2米，体重约300千克，有专家说此龟已经活了约250年了。

一位韩国渔民抓到过一只海龟，体长1.5米，体重约90千克，背甲上附着很多牡蛎和苔藓，估计寿命为700岁。

名副其实的寿星

以上数据是不是令人大跌眼镜？有些人说，那不过是估计而已，不

够精准。那看看咱们中国的长寿龟吧。

1971年，人们在长江里捕获过一只体形较小的龟，背甲上刻有“道光二十年”的字样，表明这只龟是用来记事的。“道光二十年”即1840年，从刻字的那年算起，到捕获的时候为止，这只龟至少已经活了132年了。

龟类寿命概览

红耳龟的寿命一般为15年左右，有记载的最长寿命为35岁。

草龟是很常见的龟种，在人工饲养的条件下，能活过50年。

黄缘龟活泼好动，不怕人，能活 40～60年。

大鳄龟寿命较长，有记载的最长寿命为60岁。

小鳄龟相对短寿，人工饲养的能活45～50年，野生的只能活15～30年。

鳖俗称甲鱼，能活60年左右。

海龟的寿命很长，一般能活80～120年，记载的最高值为152岁。

加拉帕戈斯象龟是现存体形最大的陆龟，仅分布

于加拉帕戈斯群岛的9个小岛上，体长约1.2 米，其最长寿命可达200岁。

龟寿命之谜

为什么有些龟只能活十几年，有的却能活上百年乃至几百年呢？科学家们众说纷纭。

观点一：与体形有关

很多人认为，体形大的龟容易长寿。大鳄龟比小鳄龟寿命长，大寿星海龟多是龟中大块头。但这个观点并不科学， 比如，1971年我国发现的那只长寿龟体形就不大。

观点二：与饮食有关

有些动物学家称，植食性的龟要比肉食性或杂食性的龟寿命长。加拉帕戈斯象龟以青草、野果和仙人掌为食，几乎只只长寿。但一些龟类研究人员表示反对，很多以蛇、鱼、蠕虫为食的龟和杂食性的龟也活过百岁了。

观点三：与细胞繁殖代数有关

有的科学家从细胞学、解剖学、生理学等方面入手，发现寿命较长的龟比短寿龟的细胞繁殖代数（细胞能够分裂或生殖的代数，分裂或生殖一次就是一代）要多。因此，他们认为细胞繁殖代数的数量是影响龟类寿命的决定因素。

观点四：与心脏有关

动物解剖学家曾经检查过龟的心脏，发现它们的心脏被取出来后，还能跳动两天。这说明龟的心脏机能较强，龟类多长寿的秘密可能就藏在这里。

观点五：与龟壳和习性有关

这种观点认为：龟类背着一个坚硬的壳，能很好地保护头、腹、四肢和尾巴免受外界的伤害；龟类贪睡，一年要睡上好几个月，新陈代谢慢，能量消耗少，寿命自然就长；此外，龟呼吸时，口腔下方一上一下地活动，头、足一伸一缩，肺部一张一吸，这些特殊的动作能很好地保持身体健康。

蛇的毒液之谜

森林里来了几条毒蛇，害得其他动物整天惊恐不安。猴子想：“要是灵长目也有毒液该多好，那样就能跟毒蛇一较高低了。”灰狼想：“为什么毒液在蛇中那么普遍，狼却没有这项武器呢？”这些问题，其实也一直困扰着人类。

警惕，毒液来袭

探讨上述问题之前，我们来瞧瞧毒蛇的毒液。蛇毒是由毒蛇的毒腺所分泌的，是半透明黏稠状液体。当毒蛇咬到猎物后，毒液经排毒导管、毒牙及猎物的伤口，进而沿淋巴及血液循环扩散至猎物全身，引起一系列中毒症状，非常可怕。

毒蛇的种类不同，所分泌的毒液性质也不同。蛇毒一般分为两种，一种为神经性毒液，一种为溶血性毒液。比如，眼镜蛇的毒液一般为神经性毒液，蝰蛇和响尾蛇的毒液则是溶血性毒液。相对而言，神经性毒液比

较原始，溶血性毒液在猎物身上起作用的速度更快。

知识快递

毒蛇不怕自己的毒，但有可能被其他毒蛇的毒液毒死。因为毒蛇被其他毒蛇咬伤的时候，毒素并没有进入含有胆汁的肠胃，而是直接进入了血液中。胆汁就算能解毒，也无法进入血管，最多也就是通过血液循环在肝脏处解毒，但这个过程较慢，而毒液在血管中发作的速度却很快。于是，毒蛇也就被毒死了。

身藏解毒“药”

毒蛇吃了被自己的毒液毒死的动物，会安然无恙。这是因为，它们体内的胆汁能够解自己的毒。当含有毒液的猎物被毒蛇吃进肚子后，肠胃中的胆汁就会将毒液分解成无害物质，这样猎物的肉就是安全的了。

造物主为何对蛇偏心

科学家称，毒液是由蛇的唾液演化而来的。毒液对毒蛇来说，意义重大。即使没有毒液，毒蛇也不见得会饿死，否则，那些无毒蛇早就灭绝了。既然如此，为什么有的蛇有毒，有的蛇无毒呢？毒液是防身利器，兔子、猴子、松鼠如果能够分泌毒液，存活概率就会更大，老虎、狼、猫等动物如果能够分泌毒液，就不必费力地跟体形大的猎物斗来斗去了。为什么这些动物都没能进化出毒液来呢？这些问题至今无解。

海龟自埋之谜

在美国佛罗里达州东海岸附近，几个潜水员发现了一只全身埋在沙土里的海龟。他们挖出来一看，发现这只海龟竟是活的。它在干吗？是躲避敌人，还是自寻短见？

不是普遍现象

人们在美国东海岸附近的一个港湾里，发现许多大块头的海龟也喜欢藏身在泥沙中。

一天，女潜水员罗斯正在海底训练，看见不远处的淤泥里露出海龟的一截尾巴。她好奇地游过去，轻轻碰了碰，海龟被打扰后，慢悠悠地从淤泥中爬出来，转身游走了。过了一会儿，她又发现了一只自埋的海龟，这只海龟很警惕，没等罗斯靠近就匆匆抖落身上的淤泥，快速离开了。除罗斯外，她的伙伴们也发现了几只自埋的海龟。

不过，海龟自埋只是一个短期现象，并不普遍。那天之后，罗斯和伙伴们几次潜到海底，再没发现一只自埋的海龟。世界其他地方也没出现多少此类现象。

为啥想不开

海龟和鱼不同，海龟用肺呼吸，别看它们在海中游得很潇洒，其实每下潜十几分钟就要浮到水面上换一次气，不然就会被憋死。海龟既然这么怕窒息，为什么要把自己活埋在泥土里呢？有人认为这是海龟休眠的一种方式。然而最新的观察结果表明，海龟自埋的时间很短，这与休眠的特点相差甚远。有人认为这是海龟取暖的一个窍门，但这种说法同样缺乏足够的理论支持。

藤壶惹人烦

相当一部分人坚持认为海龟自埋是为了摆脱讨厌的藤壶。藤壶是一种小型甲壳动物，喜欢粘在岩石、船底及一些动物身上生活。海龟被藤壶寄生后，运动不便且感到难受，无奈之下，便钻进泥土里蹭掉藤壶。

但是，这种观点也很牵强。因为自埋的海龟一般头朝下、尾朝上，这种姿势只能摆脱头部和上半身的藤壶，奈何不了下半身的藤壶。

鳄鱼和牙签鸟共生之谜

鳄鱼生性凶猛残暴，甚至连人都吃，但它们也有温柔的一面。据说，它们吃饱之后就会把嘴巴张开，欢迎牙签鸟来嘴里找食吃。这是真的吗？

口腔护理师

别看鳄鱼长得蠢蠢笨笨的，其实动作非常灵敏，只要猎物充足，它们就不愁没有食物。

不过，吃饱喝足之后，问题就来了：总有肉渣塞在牙缝里，影响口腔卫生。有时，它们口腔里还会寄生水蛭，别提多痛苦了。不过你不用为鳄鱼担心，它们虽然不会刷牙，但有自己的“口腔护理师”——牙签鸟。

饱餐之后，鳄鱼常常懒洋洋地趴在河滩上张着大嘴晒太阳。这时，附近的牙签鸟就会钻进鳄鱼的大嘴里，啄食鳄鱼牙缝里

的食物残渣和寄生虫，那尖尖的嘴巴比牙签还有用。有时，鳄鱼累了，就会把大嘴闭上。牙签鸟并不惊慌，它们用坚硬的羽毛，轻轻地在鳄鱼口中刺一下，鳄鱼便立即张开大嘴，让牙签鸟继续工作。

尽职警卫员

鳄鱼虽然凶残，但在自然界也不是无敌的，很多食肉动物并不介意将它们当成美餐。不过，如果有牙签鸟守护在周围，鳄鱼就不必担心被偷袭了。

牙签鸟生性机敏，哪怕周围有一点儿风吹草动，它们都会惊叫着一哄而散。这样，鳄鱼就会提高警惕，迅速钻入水中或草丛中，做好戒备，迎击来敌。

互惠互利论

牙签鸟能跟鳄鱼成为好朋友，是因为这份友谊对双方都有好处。牙签鸟能帮鳄鱼清除口腔里的食物残渣和寄生虫，还能帮鳄鱼站岗；鳄鱼则会给牙签鸟提供充足的食物。这种互惠互利的行为，就是生物学常说的“共生”或“共栖”现象。

证据实在少

鳄鱼和牙签鸟共生论最早是由希腊历史学家希罗多德提出的，但近年来，这种说法遭到了众多科学家的怀疑。

他们认为，牙签鸟在鳄鱼嘴中工作的图片的确存在，但数量极少，而现在到非洲大陆旅游的人越来越多，其中有不少摄影师或摄影爱好者，如果牙签鸟和鳄鱼共生的现象很普遍，那么这些人就能轻易看到牙签鸟钻到鳄鱼嘴里的生动场面，并拍下照片。然而，实际上恰恰相反，极少有人看到这样的场面，自然也拿不出更多切实的照片来。

为了一探究竟，不少科学家亲自前往非洲进行相关考察，很可惜，绝大多数都没看到牙签鸟和鳄鱼共生的场面。现在距希罗多德去世已经有2000多年了，在这么长的时间里，只有2位动物学家自称看到过牙签鸟飞到鳄鱼嘴里吃东西的场景。但是，他们讲述的内容含糊而笼统，没有具体的时间和地点，实在难以令人信服。

鸟类专家发现“牙签鸟”

难道牙签鸟和鳄鱼的友情只是美好的传说吗？带着同样的疑问，美国加州大学的鸟类专家豪威尔先生，专程到非洲埃塞俄比亚的甘贝拉地区进行了两个半月的考察。据诸多生物学家考证，希罗多德提到的牙签鸟，应该分布在尼罗河周围。照此推断，鳄鱼众多的甘贝拉地区是相当理想的考察区。

在甘贝拉地区，豪威尔先生发现了一种和牙签鸟很像的小鸟。它们长着黑、白、灰、浅黄4种颜色的羽毛，常常在河滩周围出没，领域性极强，一旦发现入侵者，便会狂怒着用翅膀拍打、嘴巴啄咬的方式击退不速之客。

不过，在长达两个半月的考察中，豪威尔先生从没看到过小鸟与鳄鱼共生的现象。他认为，小鸟钻到鳄鱼嘴里取食的现象的确是有根据的，但并不普遍，不应该将其看作是动物之间互惠共生的范例。

牙签鸟和鳄鱼的友情真的只是人类的夸大其词吗？豪威尔先生的见解科学吗？目前，科学家还在进一步研究之中。

科莫多巨蜥之谜

科莫多巨蜥也叫科莫多龙，曾和恐龙生活在同一时代。不过，恐龙早早灭绝了，科莫多龙却幸存至今。

最大的蜥蜴

科莫多巨蜥是现存体形最大的蜥蜴，雄性体形大于雌性，最大的体长约3米。幼崽的皮肤颜色比较丰富，有绿色、黄色、黑色等；长大后，全身为褐色，且布满了隆起的疙瘩，十分丑陋。

这种蜥蜴只生活在印度尼西亚科莫多岛和邻近的几个岛屿上的丛林中，是当地的顶级食肉动物。

一身利器

科莫多巨蜥几乎全身都是武器：粗厚的硬皮酷似坚硬的盔甲，能抵挡蟒蛇的吞咬；巨大而有力的长尾仿佛铁鞭，能将猎物轻易抽倒；尖利的爪子在很短时间内便可将对手撕成碎片；灵敏的舌

头可以察觉出1000米范围内的食物的气息；四肢看起来蠢蠢笨笨的，却很灵活，奔跑速度快得惊人；此外，它们的下颚前部有巨大的毒腺管，口腔能滋生大量细菌、病菌，受到攻击的猎物即使逃脱，也会因伤口引发的败血症而死亡。

科莫多巨蜥喜欢吃腐肉，也吃猪、羊、鹿等动物和同类。有时，它们还会攻击人类。

尸体去哪儿了

尽管凶猛恐怖的科莫多巨蜥是科莫多岛及邻近几个岛屿的统治者，它们仍旧和其他生灵一样，会经历死亡。然而，人们却很少看到它们的尸体，甚至连一根残骨也难寻觅。尸体去哪儿了？是被同类吃掉了吗？如果答案是肯定的，为什么活着的科莫多巨蜥不将其他大型动物的尸体也全部解决掉呢？为什么它们那么爱吃同类呢？

如何搬家的

科莫多巨蜥虽然现在生活在印度尼西亚，但它们的祖先却是在澳大利亚被发现的。那么，它们的祖先是如何来到科莫多岛及邻近岛屿的呢？“搬家”的目的是什么？尽管这种蜥蜴会游泳，但远渡重洋并不是一件简单的事情，它们是如何克服种种困难的呢？这些问题，至今令人困惑。

流泪的鳄鱼

炎热的午后，几条非洲鳄躲在树荫下一动不动，只有两眼不住地流泪。瞪羚口渴极了，在水塘周围走来走去，就是不敢靠近河水。因为它们很清楚，鳄鱼流泪并不是良心发现。

鳄鱼的眼泪

鳄鱼的眼睛向外凸起，一副恶狠狠的样子；牙齿呈锯齿形，锋利如钢；浑身上下披着鳞甲；一张大嘴，像个大簸箕。

凶猛的鳄鱼在吞食动物的时候，总会“假惺惺”地流眼泪，所以大家就用“鳄鱼的眼泪”比喻那些虚伪的坏人。

鳄鱼不懂假慈悲

弱肉强食是大自然的一个法则，鳄鱼不会为自己的“罪行”忏悔、

内疚，也不会处心积虑地假慈悲。鳄鱼流泪，是一种自然的生理现象。多数人认为，这是鳄鱼从盐腺中排出含盐量很高的溶液；少数人认为，这是鳄鱼在润滑眼球。

动物趣闻

所有鳄鱼都有惊人的咬合力，但都不会咀嚼。它们从猎物身上撕下大块的肉后，只能囫囵吞下。非洲鳄、短吻鳄、凯门鳄和恒河鳄在潜水时，口腔后部的一片组织可以堵住咽喉，防止水进入肺里。世界上最大的鳄鱼是海鳄，能长到7米长，重达1吨左右。

不流泪就得死

人想健康生活，就离不开盐分，如果食盐摄入量太低，轻则浑身没力气，重则得大病。

不过，这可不代表吃的盐越多越好。事实上，人体内盐分含量超过一定标准就会危及生命。对于动物来说也是如此。

只是，人类可以通过汗液或者肾脏来排出多余的盐分。但对鳄鱼来说，这种方法就行不通了。和人类不同，鳄鱼的皮肤上没有汗腺，肾功能也不完善，盐分无法通过肾脏和汗腺排出去，难免淤积。无奈之下，它们只能另寻方法排盐。

通过盐腺排盐

鳄鱼的盐腺中间是一根导管，并向四周辐射出几千根细管。这些细管跟血管交错在一起，就能把血液中多余的盐分离析出去，并通过导管排出体外。科学家普遍认为，中央导管的开口恰好位于眼睛附近，所以当鳄鱼体内多余的盐分凝结成大滴晶莹的盐水排出体外的时候，就像在流泪一样。其实，这只是一种维持体内盐分平衡的生理现象。

润滑眼球

排解盐分论是当今科学界较为公认的说法，但质疑声一直未断。有研究人员发现，鳄鱼舌头的黏膜上也有盐腺，这里分泌的盐分远高于血盐的浓度。他们进一步研究后认为，鳄鱼主要靠舌头来排解盐分，其流泪的主要目的其实是润滑眼球、保护眼睛。

这个论断是否科学，还有待于进一步研究。

探索·发现
——自然界最奇特的两栖动物

鸟类爱比美，两栖动物特立独行，偏偏喜欢比“奇特”。这不，新一届“最奇特的两栖动物大赛”已经开始了。还等什么，快去看看都有谁进入决赛了吧！

蚓螈

蚓螈长10～150厘米，外形不像蝾螈，倒很像蚯蚓。它们长得怪，习性也怪。比如，蚓螈妈妈会用自己的皮肤喂养后代。

蚓螈

玻璃蛙

玻璃蛙

在蛙类中，有一个种类有着半透明的皮肤，叫玻璃蛙。玻璃蛙躲在树叶上时，可以轻易与环境融为一体。如果人们凑近一些，可以看到它们的内脏。

六角恐龙

六角恐龙

美西钝口螈俗称六角恐龙，因头顶长着六只角而得名。正面看过去，它们的脑袋像玩偶，非常可爱。六角恐龙视力差，寻找食物主要凭嗅觉，四肢和尾巴残损后可再生，是北美国家墨西哥的特有种类。

非洲巨蛙

非洲巨蛙

非洲巨蛙生活在喀麦隆南部和赤道几内亚北部热带雨林的溪流中，体重可达3千克，若是让其后腿完全伸直，身长可达1米多，是世界上第二大无尾类动物。它们弹跳力很强，可以跳到5米多高。

越南苔藓蛙

越南苔藓蛙是树蛙家族的一员，喜欢生活在潮湿、炎热的森林里。

越南苔藓蛙

它们没有光滑的皮肤，皮肤上布满绿色、紫色、黑色斑点，肿块以及结节，与岩石上的苔藓非常相似，故而得名。这种与生俱来的怪异皮肤，也让它们成为树蛙家族中的伪装高手。

越南苔藓蛙

钟角蛙

钟角蛙

钟角蛙是宠物蛙，但性情十分凶猛。它们喜欢把身体半埋于土中等待猎物上门。钟角蛙能一口吞掉一只老鼠，有时连蛇都敢侵袭。

马达加斯加彩蛙

色彩艳丽的马达加斯加彩蛙具有高超的攀爬本领，能够在垂直岩壁上爬行，遇到威胁时，可以像蟾蜍一样，让身体膨胀起来，以吓跑捕食者。

马达加斯加彩蛙

墨西哥穴居蟾蜍

墨西哥穴居蟾蜍

这种蟾蜍全身呈暗黑色，并带有鲜艳的橙色斑点，以蚂蚁和白蚁为食，喜欢在地下过暗无天日的生活，只有在大雨后才会来到地面繁殖。它们是一种孤独的动物，没有现存的近亲。

黄金箭毒蛙

黄金箭毒蛙

黄金箭毒蛙几乎通体呈金黄色，毒性很强，一只蛙的毒素足以在3分钟内毒死10个成年人。雌蛙产卵后一去不返，雄蛙耐心照顾后代。当卵发育成蝌蚪后，雄蛙会将蝌蚪背到不同的地方安家，以防止它们互相残杀。

大鲵

大鲵又叫娃娃鱼，是现存体形最大的两栖动物，叫声类似娃娃的哭声。它们性情凶猛，饿极了会蚕食同类；耐饥本领强，有时两三年不吃东西也不会饿死。

大鲵

第五章

鸟 类

每个翻开本书的人，都是名副其实的“大侦探”！你瞧，鸟们为人类留下了一道又一道谜题，让科学家忙得不可开交。快打开本章，拿起你的研究工具，助科学家一臂之力吧！

鸟类祖先之谜

人类的祖先是古猿，狗的祖先是狼。那么，鸟类的祖先是什么呢？说起这个，争议可就大了。

鸟类源于爬行动物

不论是鳄鱼还是海龟，都与鸟类的形象千差万别。但在很久很久以前，它们的祖先可没太大差别，都是远古爬行动物。确切地说，鸟类是由爬行动物中的某些恐龙演化而来的，这是目前科学界达成的共识。

6500万年前，恐龙遭遇灭顶之灾，部分鸟类的祖先存活了下来。在之后的1000万年至1500万年间，鸟类经历了一次“超级物种大爆发”，逐渐演化出1万多种新种类。这些种类统称为新鸟类，现生的大部分鸟类都属于新鸟类。

备受争议的始祖鸟

始祖鸟生活在大约1.5亿年前的侏罗纪晚期，体形大小如乌鸦，嘴里有牙齿，骨骼形态向鸟类过渡，身披羽毛但不善飞行，多在低空滑翔。

1861年，研究人员在德国首次发现比较完整的始祖鸟化石，从那以后，始祖鸟就被称为“最早的真正鸟类”。但近些年来，科学家认为，始祖鸟恐怕得跟“鸟类祖先”这一美誉说再见了，因为越来越多的远古动物更有资格成为“最原始的鸟”。比如，中侏罗纪的足羽龙，比始祖鸟早出现了几百万年，长有羽毛，很可能还具有一定的飞行能力。

中国也有竞争者

生活在大约1.6亿年前的耀龙和树息龙，同样有条件代表最早、最原始的鸟。耀龙和树息龙化石都被发现于我国内蒙古宁城地区。耀龙和鸽子差不多大小，属于小型的手盗类恐龙，身体覆盖着简易的羽毛。树息龙属于手盗龙类擅攀鸟龙科，喜欢在树上生活。

鸟类的祖先究竟是谁，现在还不得而知。但可以确定的是，“鸟类祖先”的头把交椅，始祖鸟是坐不稳了。

鸟类的牙齿去哪儿了

为了保护牙齿，人们每天都要刷牙，啮齿类动物会经常磨牙。鸟类却没有这些麻烦，因为它们根本就没有牙齿。那么，鸟类的牙齿去哪儿了？

分清正版和盗版

什么？鸟类没有牙齿？对此，有人能举出一堆反证来——鹅和鸭子都长着一张大喙，上下喙张开时，边缘处呈密集的锯齿状，那不就是牙齿吗？错了，科学家说，那不是真正意义上的牙齿，而是锯齿喙。锯齿喙不是牙齿，不过，从功能上看胜似牙齿，可以咬碎食物。

有些鸟张开喙后，会露出里面或大或小、高低不平的刺，这些刺可以确保吃下去的东西不会吐出来，但它们不是牙齿。有些鸟的舌头或上颚上布满了倒挂的肉刺，能防止吞进口

里的鱼逃脱，但显然也不是牙齿。

曾经也有牙

化石记录表明，从诞生开始很长一段时间内，鸟类是有牙齿的。那些远古鸟的体形普遍很大，相貌恐怖，牙齿多而锋利。

为何没有牙

健康的牙齿都白白的，仿佛穿着白色的坚硬外套。牙齿外层的坚硬“白外套”就是牙釉质，牙釉质是牙齿必不可少的一部分。和爬行动物、哺乳动物不同，鸟类在进化过程中逐渐丧失制造牙釉质的能力，渐渐地也就没有牙齿了。

莫名丢掉牙齿

尽管鸟类没有牙齿也生活得很好，但是牙齿不重、不碍事，留着它们有很多好处，为什么鸟类要抛弃牙齿呢？现在科学家还没有给出明确的答案。鸟骨和羽毛纤细中空，很难石化，高质量的鸟类化石很难留下。由于缺乏可研究的化石，科学家只能把有限的古代鸟类信息一点点拼凑起来进行分析，在重重困境下想找到答案，实在不易。

候鸟迁徙之谜

有些鸟在秋天来临时，要早早做好南飞的准备，到了次年春天，又要辛辛苦苦返回北方。这种鸟就是候鸟。迁徙之路千里万里，候鸟们从不迷路。它们为什么要迁徙？它们又是如何辨别方向的呢？

迁徙图的啥

夏天的时候，候鸟喜欢生活在温带。这里没有热带那么热，昼长夜短，可供捕食的昆虫比热带丰富，天敌的捕捉压力较小，是繁殖的好地方。可是到了冬天，温带气候寒冷，树木凋零，昆虫不是死掉就是藏起来了，食物极少，天敌的捕食压力则明显增大，候鸟只好飞到温暖的地方去过冬。

多条迁徙路线

候鸟迁徙的时间、途径几乎是年年不变的。它们的迁徙路线主要有跨越整个大西洋，连接西欧、北美东部及西非狭长地带的“大西洋迁徙

线”；连接东欧和西非的“黑海地中海迁徙线”；跨越印度洋，连接西亚和东非的“东非西亚迁徙线”；等等。

认路的高手

在飞行途中，候鸟总能精准地知晓自己所处的位置，明确将要飞往的方向。如果你把迁徙期间的鸟带到远离迁徙路线的地方，过几天再释放，它们依然能找到目的地的方位。不过，候鸟在迁徙途中艰难重重，出一点儿差池都可能丧命，孤鸟独飞更是凶多吉少，为了保证候鸟的安全，这个实验不要轻易去做。

动物趣闻

北极燕鸥是候鸟，也是已知动物中飞行距离最远的鸟。它们每年6月至7月在北极地区繁殖，到了8月率领子女向南方迁徙，于12月到达南极附近，一直逗留到第二年3月初。整个飞行路线纵贯地球南北，飞行距离达4万多千米。

日月星辰来导航

对许多候鸟来说，白天容易觅食，晚上容易遭到敌人袭击，所以它们往往在白天休息，夜间才飞行。在夜间，它们靠天上的星星来确定方向。到了白天，就靠太阳的光线来确定飞行路线。如果太阳的位置发生变化，迁徙方向也会跟着调整。所以上午和下午，同一种鸟的飞行方向是不同的。

神秘的第六感

日月星辰不是每天都能见到的，如果赶上阴雨天，候鸟是不是就没法儿认路了？不是的。有些候鸟在迁徙途中靠辨认磁场认路，如知更鸟。科学家将这种磁感称为

鸟的第六感，并认为鸟的体内藏有某种形式的磁铁，能帮助鸟利用磁场来导航。有人曾在一些候鸟身上放上了磁石，结果这些候鸟统统迷了路，而那些没有磁石干扰的同类鸟则可以正常飞行。

那么，这种磁铁藏在鸟的什么部位呢？目前占据主导地位的假说有两种。

假说一：靠嘴巴认路

这种假说认为，磁铁通常集中在鸟的喙部。科学家已经通过实验证实，一旦鸟类的喙部暴露在强磁场下或是被麻醉，它们就会失去导航能力。这是目前较为公认的观点。

假说二：靠右眼认路

德国歌德大学的卡特里教授做过一项实验。他将一些知更鸟放在了一个烟囱形的大笼子里，笼子四周涂上了颜料，只要鸟碰到就能留下痕迹。这些知更鸟有的双眼都被蒙上了箔片，有的只有一只眼睛被蒙上了箔片。实验结果显示，那些没有戴“眼镜”或者只有左眼戴“眼镜”的鸟都如预期那样朝北飞，而右眼戴“眼镜”的鸟就完全失去方向感，乱飞一通。

通过实验，卡特里教授等科学家认为，许多鸟的右眼中也藏有磁铁，而且右眼的认路能力比喙部的认路能力还要强大，不仅能辨别出哪一边是北，还能测定磁力线的角度，并精准地确定自己的纬度。

到底哪一种说法是准确的，目前还不能确定。

鹦鹉学舌之谜

“头戴红缨帽，全身披战袍。说话像人语，有时呱呱叫。”这个谜语的谜底很简单，就是鹦鹉。鹦鹉因为能学舌，备受人们的喜爱。

能说能唱能破案

鹦鹉和八哥一样，是学舌的行家。经过一番训练，它们不仅能说出“你好”“再见”“谢谢”等常用词汇，还能唱歌、破案。

在美国一个热门选秀节目《美国达人》中，一只鹦鹉在主人的指引下唱起了流行歌曲，歌声清脆，“字正腔圆”，引得观众纷纷叫好。

唐代有个叫杨崇义的富豪，在家中被人谋害。官员在调查时，听见死者家中的一只鹦鹉不停地念叨一个名字。他们顺藤摸瓜，由这个名字找

到了凶手。美国也有类似的事情，警察根据案发现场一只鹦鹉的话，迅速地破获了一起重大盗窃案。

为什么鹦鹉能说出人话

为什么鹦鹉具有学说人话的本领呢？其中的奥秘就在于鹦鹉奇特的口腔构造。鹦鹉的口腔比较大，舌头短圆且肉多。值得注意的是，它们的两个支气管交叉处的鸣管也与其他鸟类的不同，管壁非常薄，呈薄膜状。当空气通过鸣管时，很容易发出声音。鸣管外面还有很发达的肌肉——鸣肌，通过这部分肌肉的收缩和放松，能改变鸣管的形状。因此，养鸟人就经常训练鹦鹉，使它们模仿人说话。

脑子没那么灵光

有个成语叫“鹦鹉学舌”，形容人云亦云，只简单重复别人的话，没有自己的主见和思想。这是不是小瞧鹦鹉了？

大多数科学家认为，鹦鹉的脑子不发达，不可能懂得人类语言的含义。也就是说，鹦鹉学舌是无意识产生的，它们看见一件东西后，就有了发出一定声音的反射。比如有人训练鹦鹉时，把敲门声与“请进”的声音联系在一起刺激它，在反复刺激后，鹦鹉只要听到敲门声，就会大喊“请进”。

鹦鹉懂不懂人话

不过，也有科学家认为鹦鹉的智商不低。美国一位名叫艾伦的心理学家进行了一种新的实验，避免鹦鹉做简单的声音模仿。结果表明，鹦鹉也可以有逻辑、有组织地运用语言：认识某种颜色后，会说出从未见过的某东西的颜色；学了不少词汇后，能够把一些词组合起来，描述从未见过的东西。那么，这是否说明鹦鹉真的能听懂人话，并能运用人话来表达自己的意愿呢？这还有待于进一步的科学论证。

动物趣闻

有一只名叫“爱因斯坦”的非洲灰鹦鹉，它会说的单词和能发出的声音加起来有200多种。

某网站上流传着一段凤头鹦鹉跳舞的视频，这说明鹦鹉也是有节奏感的。

巨嘴鸟大嘴之谜

巨嘴鸟原产于南美洲，它的嘴巴长得很大。一般情况下，成年巨嘴鸟的身长约为70厘米，而嘴就有24厘米长，占了整个身体的1/3。从正面看上去，常常只见其嘴，不见其身。

大嘴很轻巧

别看巨嘴鸟的嘴那么大，却一点儿都不重。因为巨嘴是由海绵状体组成的，外面是一层薄薄的角质鞘，里面中空且含空气，有不少极细的骨质支撑杆交错排列着。虽然巨嘴中有加固的东西，但它依然很脆弱，有时会破碎。不过，有些巨嘴鸟生命力强，即使嘴巴少了一部分，照样可以生存很长时间。

大嘴用处多

虽然巨嘴鸟的嘴很轻，但毕竟块头大，哪有麻雀、燕子那样的玲珑小嘴携带方便呢？这么想就错啦。

巨嘴鸟的大嘴用处非常多。首先，巨嘴鸟身体大，在小细枝上站不住，也钻不进太密实的叶丛，这时可以找巨嘴帮忙。巨嘴不仅能啄食到细枝上的果实，还能穿过叶丛觅食。其次，大嘴可以防身，它常常把大鸟和凶兽吓得落荒而逃。第三，大嘴对异性来讲极具诱惑性，可以吸引异性，也可以用来警告竞争对手不要靠近它的领地。此外，最新一项研究发现，大嘴还是天然的“空调”，在热天高温环境下可帮助身体降温，且降温效果比大象耳朵的散热效果还好；当夜间周围温度降低时，大嘴还能使体表温度升高。

知识快递

除了巨嘴鸟，犀鸟的嘴巴也很大，人们常常把两者弄混。

犀鸟的嘴有点儿像犀牛头上的角，故而得名。犀鸟的大嘴不光滑，上部有一层突起的盔突。巨嘴鸟的嘴巴上部没有盔突。

大嘴“空调”原理

科学家利用红外摄像机对睡着的巨嘴鸟进行监控，以便查看当夜间周围温度出现波动时，巨嘴鸟的喙的表面温度会发生什么变化。研究发现，巨嘴鸟的喙表层有很多血管，它们能通过控制流经喙的血量，来释放或者储存热量。巨嘴鸟跟其他鸟类一样不会出汗，因此，这可能是它们控制体温的一种有效方法。

为何生大嘴

巨嘴鸟的大嘴真厉害！然而，南美洲的鸟类那么多，大多数鸟的嘴和身体比起来都小巧玲珑，也生活得很好，为什么巨嘴鸟非要长出这样的大嘴不可呢？巨嘴鸟是如何进化出这种奇大无比的嘴巴的？是什么原因导致它们如此进化的？科学家至今也没找到合理的答案。

动物趣闻

巨嘴鸟吃东西时总是先用嘴尖把食物啄住，然后仰起脖子，把食物向上抛起，再张开大嘴，准确地将食物接入喉咙里，而不必经过那很长的大嘴，把时间花在“吞”的过程中。

喜鹊聚会之谜

你听说过鹊桥相会的传说吗？相传，每到农历七月初七那天，喜鹊们便会在银河上聚拢成桥，好让分开一年的牛郎、织女顺利相会，这桥便是鹊桥。在现实中，喜鹊也喜欢聚会，但目的和牛郎、织女无关。

喜鹊聚会

和传说不同，喜鹊聚会的时间不是农历七月初七，而是集中在每年公历的1月至2月初，数量不等，有时只有六七只，有时有一二百只。最为奇怪的是，除非有外界因素介入，否则它们每年都会在同一地点聚会，叽叽喳喳，飞上飞下，好不热闹。

喜鹊相亲会

喜鹊一而再地聚会，目的究竟是什么？人们对此争论不休。相当一部分人认为，喜鹊聚会就是喜鹊的集

体求偶，相当于人类的相亲大会或集体婚礼。

仔细观察不难发现，与会的喜鹊中，有的成双成对地在空中追逐、打闹；有的落在地面或树上说“悄悄话”；有的雄喜鹊在雌喜鹊面前不停地炫耀自己的羽毛，相当臭美；有的则你来我往地传递“信物”，比如枝条、枯草等，这些行为都和求偶行为酷似。

动物趣闻

喜鹊是一种勇敢的鸟，为了保护同伴，甚至敢与鹰隼相斗。2014年，在青岛的风筝大会上，有一只喜鹊甚至将一只老鹰风筝当成了真老鹰，俯冲过去，展开攻击。当发现“老鹰”不躲不闪、不痛不叫后，喜鹊才无趣地飞走了。

老年交流会

反对上述观点的大有人在。部分鸟类学家认为，“相亲婚礼说”纯属无稽之谈。他们多番观察后发现，与会的喜鹊中，不少都年老体衰，早就失去了繁殖的能力，哪还会有心思搞相亲求偶大会？这不过是老年喜鹊的年度交流活动而已。但老年喜鹊搞聚会的原因，这些鸟类学家就不得而知了。

喜鹊聚会现象一直是生物学家研究的重点问题之一，我们期盼着早日揭晓答案。

松鸡暂时失聪之谜

天刚蒙蒙亮，雄松鸡就开始引吭高歌了，引来了诸多仰慕者，也引起了狐狸的注意。狐狸悄悄靠近，猛地扑了上去。雄松鸡什么也没听到，若不是站得高，肯定会成为狐狸的早餐。

高唱情歌会耳聋

其他的雌松鸡早被狐狸吓得落荒而逃，唱歌的雄松鸡为何听不到狐狸的靠近声呢？难道是完全沉醉在自己的歌声中无法自拔了吗？不是的，雄松鸡有难言之隐。

雄松鸡

松鸡喜欢生活在针叶林或桦树林中，身体结实，外形漂亮，飞行能力不高，耐寒本领强。

和众多鸟类一样，它们也喜欢鸣叫。尤其是春季繁殖期间，雄松鸡长出漂亮的羽毛，会从早到晚唱个不停，歌声嘹亮。这歌声是吸引异性的一种方式。尽管不是耳聋患者，但在此期间，雄松鸡的听觉器官会暂时失灵，听不到任何声音，包括自己的歌声。

为什么在交配期间，雄松鸡的耳朵会突然失聪呢？科学家们经过研究，纷纷给出了诊断书。可惜的是，这些诊断的意见一直没能达成一致。

观点一：耳屎太多了

人类的耳朵常会被耳屎堵塞，这时候就得求助于挖耳勺或医生。松鸡也有这样的烦恼。有科学家解剖雄松鸡后发现，雄松鸡在交配繁殖期，耳朵里会充满腺体分泌物，还有布满血管的褶皱，它们没法儿看医生，也不会挖耳屎，只能听之任之。就这样，耳道被杂物堵塞了，听力便严重下降了。

观点二：只怪歌声太嘹亮

歌声是雄松鸡求偶的利器，也可能是损伤耳朵的罪魁祸首。有人认为，雄松鸡从早唱到晚，而且歌声实在太嘹亮了，歌声越高，共振现象就越明显，耳膜受到的振动就越大，由此，耳朵便失聪了。

雌松鸡

知识快递

鸟类中，会暂时性失聪的可不仅仅是雄松鸡。梅花雀、山雀、交喙雀、雷鸟等，也会产生这种现象。

就拿雷鸟来说吧，它们平时胆小谨慎，即使在密林中，也与人类保持一定的距离。但在求偶期间高唱情歌时，常常会耳聋。有经验的猎人抓住这个特点，趁它们高声鸣叫时偷偷接近，然后轻而易举地开枪将其猎杀。

雄松鸡

观点三：不该唱得太兴奋

还有人认为，雄松鸡唱歌的时候，神经中枢处于高度兴奋状态，神经系统的其他部分则处于被抑制状态。听觉神经被抑制了，雄松鸡也就听不见声音了。看来，要想治好雄松鸡的耳聋病，首先得降低它们歌唱时的兴奋度。

究竟哪个原因才是导致雄松鸡耳朵失灵的凶手呢？雄松鸡失聪，有没有可能是多种因素造成的呢？科学家现在还给不出确切答案。

雄松鸡

人鸟大战之谜

在人类面前，鸟多是温驯胆小的。但有时候，鸟却不惜与人类展开生死大战，场面之惨烈，令人不寒而栗。

最没面子的败仗

鸟攻击人不算什么稀罕事：鸡妈妈为了保护小鸡会凶狠异常；大鹅看见生人靠近，常会伸长脖子，朝人扑去。可鸟集体与人作战的事情，可就不常见了。

美国五角大楼评价太平洋战争时，曾这样说：太平洋上的人鸟战役，尽管歼灭信天翁百万以上，但人类败得毫无面子，海、陆、空三军全被鸟击溃。这究竟是怎么一回事呢？

鸟海战术

第二次世界大战期间，美军为建立情报基地和军用机场，在一天夜里派出一个侦察小组，悄悄地登上一座荒岛，不料遭遇了一堵“围墙”。靠近一瞧，这“围墙”竟然是一大群正在熟睡的信天翁。侦察小组企图

打破“围墙”，不料信天翁们挨挨挤挤，几乎密不透风。被惊扰后，不计其数的信天翁排着阵势，一边狂叫着，一边朝岸边冲去，将整个侦察小组的人都挤进了海中。

侦察小组不甘失败，第二天再次冲向小岛。他们还没靠岸，便见满天的信天翁俯冲而来，有的用嘴啄，有的用翅膀扇打，有的用爪子抓，很快，美国士兵再次败下阵来。

发狂的信天翁

侦察小组的第二次失败，惊动了海上的士兵。士兵有心端枪朝信天翁扫射，却怕惊动日本兵。思忖再三，他们拔出匕首、尖刀，纷纷刺向冲向他们的信天翁。然而，信天翁不惧死亡，一波被杀，另一波立刻替补上来。信天翁不顾一切地从高空俯冲下来，有的因自相碰撞而死，有的因撞击树干、坚石而亡。战斗持续两个小时后，它们终于意识到形势对己方不利，相继收兵。

“鸟粪炸弹”

次日清晨，这群美国士兵一觉醒来，惊愕地发现他们都睡在厚厚的信天翁尸堆上。他们回想起昨夜的那场血战，是那么可怕和壮观。现在他们认为危险期已过，便爬下鸟尸堆，准备深入小岛腹地踏勘地形。

谁知，他们前进了还不到100米，昨夜被打退的信天翁从四面八方遮天蔽日卷土重来，惊得士兵们赶紧拔出匕首严阵以待。但经过一夜苦战的信天翁此时学聪明了，它们没有直接往下俯冲，而是低空盘旋，然后像轰炸机一样向士兵投下了“鸟粪炸弹”。一阵又一阵的“鸟粪炸弹”劈头盖脸地砸了下来，士兵们根本无法招架。不一会儿，阵地上已积起一层又黏又厚的鸟粪，臭不可闻。士兵们再也不敢在原地久留，落荒而逃。

知识快递

信天翁是全能选手，它们既能飞翔、游泳，又能在陆地上行走。但是，信天翁最拿手的是“滑翔”。它们以毫不费力地飞翔著称于世。在起风时，信天翁能够跟随船只滑翔数小时而几乎不拍一下翅膀。

枪炮上阵

信天翁一旦发现士兵登岸入侵，就会聚拢而来。为了迅速占领小岛，美军只好启动枪炮，还调来了十几驾飞机助战。

信天翁受到海、陆、空三方夹击，伤亡惨重。它们很快改变战略，集中攻击美军的飞机，不多时就冲出了重围。而且，一旦美军枪炮间断，它们便对士兵又抓又咬。因此尽管鸟们死伤惨重，美军还是没能登上海岛。

毒气发威

占领小岛对美军来说，实在太重要了。无奈之下，他们只好使用毒气。一场毒气战之后，岛上鸟尸遍野，美军终于取得了胜利。为了清除鸟尸，他们调来推土机，废了好大一番周折，才将海岛清理完毕，并修起了机场和公路。

发狂的原因

信天翁为什么会如此疯狂地保护家园呢？科学家们提出各种解释，比如信天翁好群居、恋家园、组织性强，但这些特点很多鸟类都有，为什么人鸟大战的事情没有发生在那些鸟身上呢？为什么其他海岛上的信天翁也没有如此发狂？人鸟战争之谜，显然还没有揭开。

探索·发现
——世界上长相最怪异的鸟

说起漂亮的鸟，大家能马上说出一长串名字来，天鹅、孔雀、天堂鸟……如果问你鸟中怪物，你又知道多少呢？下面，咱们就去瞧一瞧，小心别被吓到。

军舰鸟

军舰鸟

军舰鸟是一种霸道的海鸟，虽然自己能够捕食，但它们更喜欢抢夺其他鸟类的食物，所以也被人们贬称为“强盗鸟”。它们长得很威风，喙下长有裸露皮肤的喉囊。求偶期间，雄鸟的喉囊常常鼓起来，像个红色的大口袋。

蛙嘴夜鹰

蛙嘴夜鹰栖居在东南亚和澳大利亚森林中。它们的嘴和其他鹰的不同，不是尖尖带钩，而是宽裂如蛙，看上去憨态可掬。这种

军舰鸟

蛙嘴夜鹰

鹰分工明确，雄鸟在白天孵卵，雌鸟在夜间孵卵。

几维鸟

几维鸟

几维鸟是新西兰的国鸟，身材小而粗短，嘴长而尖，羽毛细如发丝。它们不会飞，叫声尖锐，看起来就像一个个生有长嘴和双腿的皮草球。虽然几维鸟的个头儿与普通的鸡差不多，但下的蛋却比一般的鸡蛋大很多。

玫瑰琵鹭

玫瑰琵鹭主要生活在南美洲，喙酷似扁平的鸭舌板，头部光秃，除颈部、背部及胸部呈白色以外，其他部位都呈现出美丽的粉红色。它们的羽毛不是天生粉红，而是食物中的类胡萝卜素色素染出来的。

玫瑰琵鹭

麝雉

麝雉

麝雉头顶支棱着长毛，出生时带有一对从翅膀伸出的爪子。长大后，爪子会消失，身体

麝雉

鹫珠鸡

随之散发出臭味，因而又有“臭鸟”之称。它们栖息于南美洲亚马孙河流域的水淹森林中，是圭亚那的国鸟。

鹫珠鸡

鹫珠鸡头部和颈部几乎没有毛，眼睛血红，羽毛长而外伸，喙的末端如剃刀一样锋利。鹫珠鸡善于飞行，栖宿于树上，但受惊扰时常常奔跑逃窜。

大鹞

生活在西伯利亚的大鹞也有囊，而且是两个囊，长在胸上。和军舰鸟一样，雄性大鹞也不懂得谦虚，在求偶时会竭尽全力夸大自己的囊，以获得雌性的青睐。

大鹞

盔犀鸟

盔犀鸟

盔犀鸟

盔犀鸟长得很像远古时代的怪物：巨大有力的橙色喙，喙顶生着类似头盔的脊状物，喙下有大片裸露且呈金属色的皮肤。一般的鸟类头骨都是中空的，而盔犀鸟的头胄部分是实心的，且外红内黄，质地细腻，用其雕刻成的艺术品被广为收藏。随着收藏升温，地下贸易屡禁不绝，盔犀鸟作为濒危物种，生存面临极大压力。

鹤鸵

鹤鸵是当今世界第三大鸟类，和鸵鸟有几分相似，但比鸵鸟怪得多。它们双腿粗壮，羽毛乌黑发亮，脖子前有粉红色的肉垂，头顶长着半扇状的角质盔。鹤鸵被列为世界上最危险的鸟类。据说曾有鹤鸵用它的脚把人劈死了。

鹤鸵

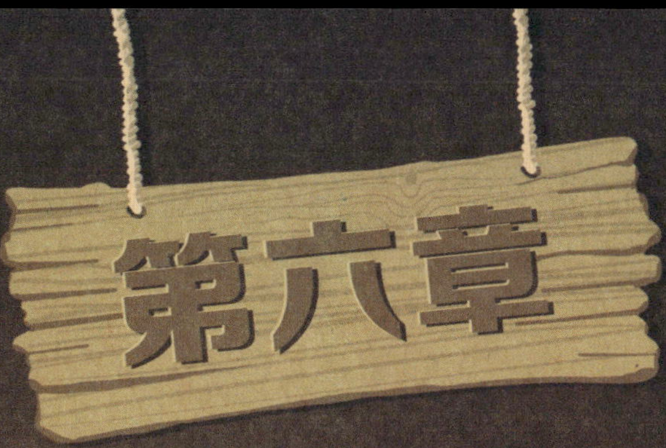

第六章

哺乳动物

哺乳动物是最高级的动物，也是最狡猾的动物，它们布下的谜题阵，把一个又一个科学家困在其中。别犹豫了，快来仔细阅读下面的内容吧！你的灵光一现，说不定正是解开迷阵的钥匙。

白鲸

鲸鱼集体自杀之谜

求生是动物的本能，为了生存，它们进化出各种各样的本领。但有些动物偏偏一心求死，其中就包括鲸鱼。尤为难解的是，鲸鱼还喜欢组团自杀。

离奇的自杀案

2005年10月，澳大利亚的塔斯马尼亚岛海滩迎来了又一个黄昏，海水在夕阳的照射下，美丽而又寻常。突然，远处传来一阵阵怪叫声，约60只鲸鱼朝岸边游来，它们来势汹汹，横冲直撞，很快便搁浅在岸上并相继死去。所谓祸不单行，几个小时后，又有约80只鲸鱼游到岸边搁浅而死。

动物趣闻

不同种类的鲸，喷出的水柱在高度、形状和大小上都是不同的，例如蓝鲸喷的水柱可高达9～12米。即使相距上千米，有经验的渔民也能根据喷水柱发现鲸，甚至还能辨别鲸的种类和大小。

鲸鱼自杀，虽然骇人听闻，但并不是什么百年一遇的事情。仅20世纪70年代以来，就发生了数起：

1970年，美国佛罗里达州皮尔斯堡的沙滩，150多只鲸鱼搁浅；

1979年7月，加拿大欧斯峡海湾，130多只鲸鱼登岸自杀；

2012年3月，江苏盐城新滩盐场附近，4只鲸鱼搁浅而亡，大的体重达40吨，小的近20吨；

2012年10月，孟加拉湾北安达曼岛西岸，约40只鲸鱼不顾死活地冲上海岸。

鲸鱼集体自杀，究竟是自己想不开，还是遭人陷害？人们现在还给不出确切答案，不过却抓住了几个嫌疑犯。

嫌疑犯一：地形

一位荷兰学者认为，鲸鱼搁浅可能与海岸地形有关。他给出的解释是：鲸鱼集体自杀事件多发生在坡度平缓的海岸，鲸鱼在那里发射超声波信号时，回声信号会失真，导致鲸鱼弄错水的深度，从而贸然上岸。

反对者表示，海岸地形是无辜的。尽管鲸鱼搁浅的地方坡度一般都很平缓，但原因是周围的其他地形多为悬崖或海峡，没办法上岸。此外，荷兰学者也拿不出证明平缓海岸会干扰回声信号的证据来。

嫌疑犯二：向导

鲸鱼群有自己的头目，即向导。向导很有威信，它往哪儿游，同伴们便跟着往哪儿游，哪怕是会夺去它们性命的海滩。有人认为，当鲸鱼向导因迷路、遇袭而上岸时，整群鲸鱼就会随之同归于尽。

虎鲸

嫌疑犯三：乌贼

乌贼是鲸鱼的美食之一，常常引得鲸鱼东游西逛。当乌贼或其他鱼类洄游近岸时，鲸鱼群也会追踪而来，由于嘴馋贪吃，一时失去理智，退潮后不能及时游回深海，进而集体死亡。

嫌疑犯四：追猎者

海洋处处凶险，即使鲸鱼也会遭遇追杀。有人认为，当鲸鱼因被其他生物追杀而无路可逃时，会有意上岸搁浅；有时，鲸鱼群受到意外的刺激，也可能仓皇逃到岸上。

嫌疑犯五：人类

一些环保主义者坚称，被污染的海水中含有很多化学物质，会扰乱鲸鱼的感觉。法国海洋生物学家科列德说，军舰声呐和回声探测仪所发出的声波及水下爆炸的噪声，会使鲸鱼的回声定位系统发生紊乱，所以，海上演习或许是促使鲸鱼集体自杀的元凶。

可能没有罪犯

许多人认为鲸鱼集体自杀的原因，其实在它们自己身上。具体说来，又有一番争议。

病因论：

鲸鱼搁浅是因为它们疾病缠身，无力驾驭风浪，遂被随波逐流地推到岸上。

角鲸

返祖论：

鲸鱼是由陆生动物演化而来的，尽管现在生活在海洋中，但在水中遇到不利情况时，有时会下意识地登岸逃命。然而它们早已无法离开水环境，便搁浅在沙滩上。

以上言论都有可取之处，也有不严谨的地方。或许，鲸鱼集体自杀的现象是多种因素综合作用的结果；或许，不同的鲸鱼自杀惨案，其原因也各不相同。为了保护鲸鱼，科学家仍在苦苦研究这个谜题。

座头鲸

蓝鲸

海豚声呐之谜

声呐，原意为“声波导航和测距”，是利用声波在水中的传播和反射对水下目标进行探测、定位和通信的仪器或技术。海豚自带声呐本领，比人造声呐强得多。

海豚“摸瞎”

还记得《西游记》中的摸瞎游戏吗？猪八戒在一个庄园里，不知该娶女庄主的哪个女儿，便决定通过摸瞎的方式选择。在游戏中，猪八戒的双眼被蒙上，在屋子里循着三个女孩的声音乱摸一气，最后一个人也没抓住。先别急着嘲笑猪八戒，如果我们的眼睛被蒙上，仅凭声音去找东西，结果也不会比猪八戒强多少。不过，对海豚来说，这个游戏就是小菜一碟了。

声呐技术和摸瞎类似，也是利用声波探测目标。有人做过这样的实验：在水池里插上36排金属棒，每排66根，然后把海豚放进去，并蒙上它们的眼睛。结果，海豚在金属棒间畅游无阻，从未出现过撞击金属棒的情

况。如果在水池中放上一条鱼，海豚也能在不撞击金属棒的情况下，轻易捕捉到鱼。

神奇的探测信号

人们发现，海豚能发出一系列探测信号，凭借这些信号，它们能轻易躲过障碍物并捉到猎物。

人们还做过这样的实验：他们在水池周围拦上网，只在一个地方留有网口，然后将被蒙着眼的海豚放了进去。实验证明，海豚能轻易地在网口钻来钻去，绝不会碰到网的其他部位。

海豚打电话

你一定打过固定电话，人们通过一根细细长长的线，能实现千里传音的目的。海豚也可以通过“固定电话”进行交流。

把一对长期生活在一起的海豚分别放到两个水池里，让它们无法接近，也无法看见对方。接着，用一根电话线将两个水池连起来。你会发现，只要电路一通，两只海豚就能用一种特殊的声音“交谈”；如果把电路关掉，海豚间的“谈话”便会终止。海豚的这种谈话技巧很高超，哪怕两只海豚被分隔在太平洋和大西洋，只要电路联通，它们就能“交谈”。

强大的海豚语

对海豚来讲，同类发出的声音有很高的辨识度。如果你把海豚宝宝的声音录下来放给海豚妈妈听，海豚妈妈会立刻分辨出来，焦躁不安地四处搜寻孩子。如果遇到困难或危险，海豚还能通过声音发出求救信号或警报。

海豚的声呐系统是不是很厉害？这得归功于它们奇特的声音。可是，和人类不同，海豚没有声带，声音是如何发出的呢？为了找到答案，科学家可谓绞尽脑汁。

鼻囊发声

一开始很多人认为，海豚主要是通过与喷气孔相通的鼻囊系统发声的。这个猜想很快遭到质疑。要知道，海豚不论在水上还是在水下都能发声，而它们潜入水下时会将鼻孔闭合，如果靠鼻囊发声，那水下发声又如何解释呢？显然，这是矛盾的。

脑门发声

海豚的脑门上有一块圆乎乎的部分，很像西瓜皮。有科学家认为，海豚的声音是从这块“西瓜皮”里发出去的，即这块“西瓜皮”能起到声透镜的作用，将声音由此处聚焦成束并向水中发射。

喉头发声

有人反对上述观点，认为喉头才是海豚发声的关键所在。他们的依据是，海豚有发达的喉头，吞咽食物时，发声就会停止。

如何接收声音

海豚的发声器官还没确定，人们又迎来了新难题。海豚有超强的超声波探测能力，那么，它们是如何听到这种超声波的呢？有人认为，海豚和人类一样，也是通过耳朵来听声音的，它们的耳朵里充满了水，而水对声音有很好的传导作用。反对者认为海豚的外耳已经退化，声音是通过下颌的脂肪传到内耳的。孰是孰非，答案还不得而知。

海豚领航之谜

海豚是人类的好朋友，它们不仅能救助溺水者，帮人赶走鲨鱼，还能给船员领航。这是怎么回事呢？

“布里尼尔”号的奇遇

1871年的一天，轮船“布里尼尔”号小心翼翼地驶近新西兰的伯罗鲁斯海峡。忽然，前方不远处出现一个黑色的东西。船长最初以为是礁石，让船员小心行驶。后来他发现，“礁石”其实是一只海豚，它一会儿不紧不慢地向前移动，一会儿围着轮船嬉戏。

“海豚是在领航吗？”很多船员心中都产生了这个疑问，因为海豚游动的方向和轮船行驶的方向相似，而且海豚游过的地方，轮船也能轻易通过。船长令舵手驾船紧随海豚前行，结果，轮船顺利通过了礁石丛丛的海峡。

伯罗鲁斯杰克

“布里尼尔”号不是唯一的幸运儿，自它之后，还

有不少船只也享受到了海豚的领航服务。为了表示感谢，海员们为这只海豚取了个名字——伯罗鲁斯杰克。

伯罗鲁斯杰克坚持不懈地为海员们服务，直到1912年才消失不见。

海豚找刺激

海豚为什么主动为船只领航呢？一名叫安东尼·阿尔珀斯的记者采访了一些海员，发现海豚在领航时，喜欢围着轮船嬉戏，比如用身体蹭船体，或者追逐被船击起的浪花。由此，阿尔珀斯认为，海豚是为了寻求刺激，才与船只同行的。

生物学家的发现

阿尔珀斯的观点得到了一些生物学家的支持。研究人员把海豚放在大水池中，水池里有很多人工礁石。海豚在游动时，经常用身体蹭人工礁石，或者在池子边缘蹭来蹭去，很是快活。研究人员初步认为，海豚之所以为海员领航，是因为它们能在浪花击打下，或与船体的摩擦中，得到一种刺激。

真相真的如此吗？生物学家认为，想得到确切答案，还要做进一步的研究。

南极海豹干尸之谜

南极是海豹的家园，出现几具海豹干尸有什么稀奇的？别急，这里提到的海豹干尸不是在海边发现的，而是在距离海岸大约60千米的干谷里发现的。

干谷现干尸

南极干谷十分贫瘠，无水多石，气候非常干燥，这种环境显然不适合海豹生存。可是，人们却在这里拍摄到了海豹干尸的照片。这些海豹干尸都是食蟹海豹和威德尔海豹，并且均为幼海豹。科学家们用放射性碳素测年法对海豹干尸分别进行了年代测定，发现它们已存在约1210年了。

海豹虽然生活在南极，但多在海边活动，尤其是食蟹海豹，总是出没在远洋里，它们是如何千里迢迢来到干谷的？科学家经过研究，提出了三种假说。

古海退落说

持这种观点的人认为，很久以前，这个干谷曾是一片海洋，后来海面降低、海水退落，年幼的海豹没能随水而去，才被搁浅在岸上成了干尸。然而，地理学家经过多番研究，并没有在干谷中发现古海的遗迹。

海啸说

持这种观点的人认为，很久以前，南极海洋发生了大海啸，波及了南极大陆。一些年幼的海豹因为体力弱，被海浪抛到了干谷里，天长日久，变成了干尸。如果这个观点成立，海啸应该把海豹抛到南极陆地的多个地方，为什么偏偏只有干谷里出现了干尸呢？

海豹迷向说

持这种观点的人认为，海豹有时会爬到岩石上晒太阳，有些小家伙享受“日光浴”时，迷失了方向，结果在干谷里有去无回，成了干尸。可是，干谷距离海岸很远，幼海豹哪儿来的力气爬行那么远？

三种假说都不严谨，看来，想解开海豹干尸之谜，我们还要继续探索。

鸭嘴兽之谜

动物王国要举行运动会，鸭嘴兽却犯了愁，因为任何队伍都不想要它。苍鹰队长说它应该加入哺乳动物队，大象队长说爬行动物队更适合它，乌龟队长说：“你分明是只鸟。”唉，鸭嘴兽为何长得这么怪呢？

长得不伦不类

在动物王国里，鸭嘴兽实在是个异类。18世纪末，生物学家在欧洲第一次看到鸭嘴兽标本时，还以为它是标本制作师七拼八凑的“愚人之作”。因为它的外表实在太奇怪了——扁扁的大嘴和脚上的蹼像鸭子，身披毛发像哺乳动物，身体姿势又和爬行动物有几分相似。

习性不伦不类

鸭嘴兽是不折不扣的哺乳动物，它们具备哺乳动物的一些基本特

征，如用乳汁哺育幼儿，身体恒温，体表有毛等。不过，它们的习性实在混杂。虽有乳汁，却没有乳房和乳头，幼儿还是从卵里孵出来的；此外，雄性鸭嘴兽后肢生有一根空心的刺，在用后肢攻击敌人的时候，刺会释放毒液，这个生存本领与毒蛇类似。

基因太复杂

为了破解鸭嘴兽不伦不类之谜，研究人员展开了研究。研究对象是澳大利亚新南威尔士州一只名为“格伦尼”的雌性鸭嘴兽。2008年，他们公布了一份研究报告：通过破解鸭嘴兽的基因组织，发现鸭嘴兽是一个基因混合体，身体里既有一部分鸟类基因，又有爬行动物和哺乳动物的基因，因此，鸭嘴兽的外表和习性才会出现不伦不类的特征。

解决了一个难题，另一个难题随之出现：为什么鸭嘴兽会成为一个基因混合体呢？世界上有那么多哺乳动物，为何偏偏鸭嘴兽享有此等殊荣？希望在不久的将来，我们能找到答案。

动物趣闻

鸭嘴兽是最原始的哺乳动物之一，早在2500万年前就存在了，足见其生命力之顽强。不过，由于进化得不够彻底，它们只能被算在低等哺乳动物之列。

海豚救人之谜

海豚是一种惹人喜爱的动物，有着超常的智慧，被称为海洋中的智者。除此之外，海豚还是尽职尽责的救生员。

“无私”的救生员

第二次世界大战期间，几名被击落的飞行员乘坐橡皮筏在茫茫大海中漂流。幸运的是，一群海豚帮他们将橡皮筏推到了岸边，使他们得以获救。

1966年，一艘保加利亚的货船正在海面行驶，有个船员不小心落入海中，差点儿溺死，多亏一群海豚围了上来，将他顶出水面。

诸如此类的事件还有很多。海豚发现落水者时，会游到落水者的下方，把他顶上水面，然后，海豚群围成半圆形，保护着被救的人，把他送往岸边。

只是出于本能吗

为了破解海豚救人之谜，科学家拍摄了数万张与海豚相关的照片，对海豚进行了深入研究，得出的结论是：海豚并没有救人的意识，而只是

出于一种本能。

海豚虽然以海为家，离不开水，但作为用肺呼吸的哺乳动物，每隔一段时间就得浮出水面换气，否则就会被淹死。它们在哺育幼兽时，总是轻轻地用吻部把幼兽托起来，或用牙齿叼住幼兽的胸鳍，使其露出水面，帮助幼兽在水面呼吸。久而久之，它们便形成了一种“照料天性”，一旦发现落水者，就会本能地将其当成同类的子女顶出水面并推向岸边。

海豚真那么傻吗

然而，越来越多的科学家对上述结论持反对态度。他们认为，把海豚无私救人的行为归结为动物的一种本能，未免将事情简单化了，其根源在于人们总是低估动物的智慧。有研究表明，海豚的脑重量占其体重的1.17%，属于高智商动物。由此，有人质疑，既然海豚这么聪明，怎么会把落水者一次次误认为自己的孩子呢？

鲨鱼终结者

海豚不仅能救助溺水者，还能帮人赶走鲨鱼。1959年，一艘客轮爆

炸失事，许多乘客落入海中，引来了鲨鱼。这时，成群的海豚突然出现，将鲨鱼打得落荒而逃，使乘客转危为安。

为什么海豚能做到这一点呢？原来，鲨鱼虽然凶残威武，却多喜欢单独行动。海豚则喜欢群居，并熟知鲨鱼的“软肋”，若与鲨鱼“狭路相逢”，它们常常会朝鲨鱼相对脆弱的体侧发起连番攻击，直到撞坏对方的内脏为止。所以，对那些被鲨鱼围困的人来讲，海豚是不折不扣的救星。

令人不解的是，海豚总是无私地救人，却极少伤害人，即使在人们杀死一只海豚的时候，在场的其他海豚也只是痛苦地忍受，从不反击。比如，在臭名昭著的日本海豚湾，每年都有大量海豚惨死在人们手中，那些海豚除了挣扎、奔逃、哀号，再无其他举动，即使侥幸存活或者被渔民“大赦”放入海洋馆等处，也不会铭记仇恨、寻求报复。可是，当它们面对鲨鱼、虎鲸等凶猛的海洋生物时，却是另一番样子。

海豚一向讲究团结协助，为什么在人的面前却放弃了这种天性？这真是一个令人困惑的难题。

大熊猫身世之谜

地球上的地貌是会变化的，你脚下的陆地很可能曾是一片海洋，你潜游的大海也可能曾是无垠的荒漠。地貌变化了，动物们也可能随之“移民”。这不，被称为中国国宝的大熊猫，很可能就是“欧洲来客”呢！

欧洲来客

早在1942年，人们便在匈牙利中新世地层中发现了一种牙齿化石，经研究发现，牙齿的归属者很可能与大熊猫有直系血缘关系，古生物学家将其定名为葛氏郊熊猫。从那时起，一些欧洲古生物学家便坚信，中国的大熊猫起源于欧洲温暖潮湿的森林。现在，这个观点又有了新的证据。

祖先很温柔

2012年，古生物学家在西班牙发现了一具史前动物化石，推测其很可能是大熊猫的近亲甚至“正牌”祖先。西班牙国立自然科学博物馆古生物学家胡安·阿贝拉说：“化石的牙齿证明它是一只熊。此

外，下颌骨体短显示它更接近于大熊猫亚科，与现今的大熊猫存在一定的亲缘关系。”

这种远古熊生活于距今1100万年的中新世，可能出没在伊比利亚半岛东北部的潮湿森林中。尽管研究人员只发现了它的少量牙齿化石，无法重建其整体外形，但还是对其外形和习性做了推测：身体娇小，体重不超过60千克，拥有深色的皮毛，肩部、眼部以及接近尾部的地方有少量的白点；性情比较温柔，喜欢吃嫩枝叶、水果、昆虫和动物尸体。

移民到中国

如果此说法成立，那么大熊猫的祖先是如何远渡重洋，来到中国的呢？科学家称，很久以前，欧洲与中国间曾有一片浩瀚的海洋，名为巴拉特提斯海。随着时间的推移，巴拉特提斯海干涸了，成了陆地，这为大熊猫祖先的“移民”提供了可能。

不过，这种远古熊是被迫“移民”中国，还是主动“搬家”的，研究人员就不确定了。科学家希望能挖掘出更多骨骼化石来，以解开大熊猫祖先的所有秘密。

土生土长的中国熊

“欧洲移民论”还不足以确定大熊猫祖先。现在，较为公认的大熊猫的祖先仍是始熊猫。始熊猫是土生土长的中国熊，生活于800万年前的晚中新世，家园为中国云南禄丰等地的热带潮湿森林。

始熊猫个头儿不大，像一只胖乎乎的狐狸，性情凶猛，喜欢吃肉。经过几百万年的演化，它们逐步向亚热带潮湿森林延伸，广泛分布于云南、广西和四川等地；再后来，它们进一步适应竹林生活，食性由肉食变为杂食，体形不断增大，久而久之，变成了当今的大熊猫。

大熊猫的祖先到底是谁？希望在不久的将来，我们能得到确切答案。

长颈鹿之谜

长颈鹿是世上现存最高、脖子最长的陆生动物，那么问题来了，它们为什么要长那么长的脖子呢？它们的长脖子又是如何进化而来的呢？对此，科学家一直争论不休。

“擎天柱”——长颈鹿

擎天柱高得威风，长颈鹿高得优雅。长颈鹿生活在非洲草原上，体表的网状斑纹像豹，四蹄似牛，体形与骆驼相近。成年长颈鹿身高超过5米，颈部长达2米。长颈鹿利用长长的脖子可以很好地采食高树上的叶子，它们的长脖子也被用作战斗的武器。

为了填饱肚子

有一种说法认为，很久很久以前，长颈鹿的祖先并没有现在这么长的脖子。那时候非洲大草原上的气候温暖湿润，地面上的嫩草丰富极

了，靠吃草为生的长颈鹿几乎不需要怎么费力就能填饱肚子。

但随着时间的推移，地球上的气候发生了变化，长颈鹿的祖先生活的区域变得越来越干旱炎热，低矮的灌木和青草都枯死了，只有根系扎进土壤深处的大树还活着，长颈鹿的祖先只得努力地伸长脖子去吃高处的叶子。就这样，长颈鹿的脖子越伸越长，又经过千万年的进化，变成了现在的模样。

优胜劣汰论

这种学说是达尔文提出的。他认为，古代的长颈鹿因个体差异，有的脖子长，有的脖子短。气候温暖湿润的时候，植物茂盛，所有长颈鹿都能吃饱。后来气候变化，低矮的灌木和青草都枯死了，身高颈长的长颈鹿能够吃到高树上的叶子，得以幸存下来，而脖子短、经常吃不到食物的种类逐渐被淘汰。后来经过不断演化，长颈鹿逐渐变成今天这副模样。

另一方面，长长的脖子还使长颈鹿的视野更加开阔，便于监视敌情。在所有的食草动物中，长颈鹿受草原猛兽袭击的次数最少。

大象坟场之谜

据说，大象是最怕寂寞的动物，活着的时候集群而居；将要死去的时候，便会赶往家族坟场，与同类葬在一起。

大象坟场

大象的体形虽大，尸体却不容易被发现。那些尸体都去哪儿了？非洲肯尼亚的一个酋长说，尸体都在大象坟场里。有一天，他打猎迷了路，误打误撞地进了一个岩洞，里面白骨累累，颇似大象的骨架。他还看见一头大象走进岩洞后倒地死去。俄罗斯的两位科学家听到消息，立刻赶去，果然发现了一个堆满动物尸体的岩洞。

类似的目击事件还有很多，但都没留下有说服力的证据。如果大象坟场真的存在，为何人类极少能找到其踪迹呢？一些动物学家认为，坟场被大象刻意掩埋了。

大象葬礼

大象非常重感情，同伴死后，其他大象会为其举行葬礼。有动物学家目击过大象举行葬礼。象群在死者周围围成一圈进行哀悼，接着用长牙挖出深坑，将尸体推进去，继而用长鼻卷起石块掩埋尸体，最后抬起大脚踩平坟墓。如此一来，大象坟场就不容易被发现了。

公象尸体不知所踪

动物学家进一步研究后，发现一个古怪的现象——大象墓穴里埋葬的都是母象或小象。那么公象去哪儿了？有人说，公象临死前都去了沼泽地，所以人们没法儿找到它们的尸体。可是，公象是如何知道自己的死期的？为何偏偏要去沼泽地等死呢？没人能给出答案。

贪婪的阴谋

许多人认为，大象坟场并不存在，那只是偷猎者为掩盖捕杀大象的罪行而编造的谎言。比如，20世纪20年代，一群大象遭遇欧洲探险者的围猎，不巧的是，它们又遇上了森林大火，最后全部惨死。欧洲探险者得到了大批象牙，为了掩盖罪行，就捏造了大象坟场的故事。真相到底是什么，还有待人们进一步研究。

红毛猩猩之谜

红毛猩猩，顾名思义，就是一种全身长满红色长毛的猩猩。和猴子不同，它们没有尾巴；和人类相似，它们可以用手拿东西。

祖先到底是谁

红毛猩猩十分珍稀，关于它们的祖先到底是谁，科学家至今没有达成共识。

泰国出土过1000多万年前的大猿化石，这块化石只有牙齿。大猿化石的发现者认为，这块化石比其他的大猿化石更接近红毛猩猩，所以，这种大猿很可能是红毛猩猩的直接祖先，或是其祖先的近亲。这种大猿可能有70千克重，生活在1350万～1000万年前北泰国的热带森林。

但是，反对者认为，这种大猿几乎可以确定不是红毛猩猩的祖先，至于它和红毛猩猩为什么会有明显的相似之处，它们之间到底有怎样的关系，还有待进一步研究。

神秘的“红毛野人”

红毛猩猩数量很少，生活的区域有限，一般分布在东南亚的加里曼丹岛、苏门

答腊岛和沙捞越州等地。

那么，中国有没有红毛猩猩呢？

20世纪以来，有人坚称在中国广西壮族自治区柳州市的元宝山看到了“红毛野人”。目击者描述：“红毛野人”长着棕红色的毛发，大嘴巴，拥有老人一样的面庞；最古怪的是，当人笑的时候，它也会模仿人微笑。

有专家认为，这种“红毛野人”很可能就是红毛猩猩。不过，目击者虽然声称打死了“红毛野人”，却没有留下“红毛野人”的尸体或者照片，使得研究很难进行下去。

又一颗牙齿化石

柳州市的博物馆内有一颗古猿的牙齿化石。科学家经过仔细研究，得出一个大胆的推论：元宝山的“红毛野人”也许就是这颗牙齿化石拥有者的野生残存个体，也就是说，“红毛野人”就是红毛猩猩。

另有专家认为，目击者描述的“红毛野人”虽然与红毛猩猩有很多相似之处，但不一致的地方也很多。假设在中国消失了近一万年的红毛猩猩没有灭绝，为什么目击事件那么少呢？它们又是如何生存到今天的？

现在，谁也无法给出确切答案来。

“灰顶飞狐”之谜

人们普遍认为，蝙蝠飞行时能发出一种人耳听不到的超声波，以此来判断飞虫的位置，或前方是否有障碍物。近年来，有人对此提出怀疑。

“灰顶飞狐”

法国洞穴专家在西班牙的一个岩洞中发现了一种体形巨大的蝙蝠——“灰顶飞狐”。这种蝙蝠会像候鸟一样随着季节变化而迁徙。那么，它们是如何寻找家乡的呢？靠的也是超声波吗？怀着强烈的好奇心，洞穴专家从洞里捉了十几只蝙蝠，给它们系上环形标志，装入藤条箱里，准备做实验。

专家想将这些蝙蝠带到几百千米外放飞，观察它们是飞回岩洞还是待在原地惊慌失措。谁知，专家将蝙蝠放进藤条箱里并运到火车上后，随着火车徐徐开动，藤条箱里的蝙蝠竟然一动不动，仿佛死了一般。然而，当那列火车经过“灰顶飞狐”曾居住过的岩洞附近时，箱内的蝙蝠们全醒了过来，开始“咻咻”地叫个不停……

认路的秘密

“灰顶飞狐”是如何知道火车正在经过自己的居住地的呢？它们被封在藤条箱里，是看不到外界景象的；而且在飞速行驶的火车上，它们的声呐系统根本无法辨别外界的地形构造。那么，在超声波失效的情况下，它们是靠什么认路的呢？多国科学家都在苦苦思索，试图解开这个谜。

不是鸟，却会飞

和其他蝙蝠一样，“灰顶飞狐”也能像鸟一样飞翔。不过，鸟飞行靠翅膀，蝙蝠飞行靠的是翼手。翼手上没有细密、美丽的羽毛，却很发达，当蝙蝠飞行时翼手能提供巨大的力量。这也是科学家一直困惑不解的地方，所幸现在答案已经揭晓，秘密就藏在肌腱上。

科学家研究发现，“灰顶飞狐”等蝙蝠在起飞时，之所以能迅速跳起并展开翼手，灵活而富有弹性的肌腱起着关键性的作用。研究证明，横穿蝙蝠肘部的两段肌腱仿佛弓弦，在起飞前就积蓄了充足的能量，当肌肉收缩后，它们会迅速将能量提供给翼手，让蝙蝠一跳就高达2米，继而“展翅”飞翔。

飞猫之谜

飞鸟、飞虫，谁都见过。你知道吗？有的哺乳动物也生有翅膀，可以展翅“翱翔”。究竟是谁这么幸运呢？咱们一起去瞧瞧吧！

长翅膀的“天使猫”

现在，飞猫有一个好听的名字——天使猫，但在上世纪初，人们把它们当怪物来看待。

1905年，在英国的一所学校里，孩子们正在操场上玩耍，突然他们看见一只猫形怪物飞到操场上空。当时的一家杂志还对怪物做了具体描述：体长大约3米，长有4只脚，翅膀黑黑的，飞得不高。

最早的近距离目击

1933年6月，英国一位夫人家的院子里，出现了一只黑白相间的飞猫。看见有人

靠近后，它拍拍翅膀迅速地飞走了。夫人感到十分惊奇，把这件事告诉了当地动物园。动物园长赶到现场时，飞猫又出现了。人们用网捉住了飞猫，将它养在了动物园里。过了一段时间，飞猫死去了。

又有人造假

几乎每个未解之谜的后面，都跟着一群弄虚作假的好事者。1975年12月，有人称在英国曼彻斯特附近抓到了一只黑色飞猫，并拍了照片。结果证明，这只是好事者伪造的。

究竟是不是猫

1966年6月，在加拿大的一个小村子里，村民击毙了一只袭击家禽的飞猫。这只飞猫长得和家猫很像，只是嘴里生着两颗长长的獠牙，背上长着一对长约35厘米的翅膀。当地人射杀了飞猫，并将其送往兽医实验室进行尸检，兽医认为这就是一只普通的黑猫，所谓的翅膀只是蓬松的长毛。然而，村民们却坚持认为这是一只长了翅膀的猫。后来，有科学家又提出了新看法：飞猫不是猫，而是介于猫和蝙蝠之间的一种动物。

孰是孰非，直到现在没有定论。目前，很多人认为飞猫就是猫，是基因突变的产物。这个观点或许可以解释飞猫翅膀的成因，却揭不开飞猫飞行的秘密。

旅鼠自杀之谜

旅鼠常年生活在北极附近，身体椭圆，耳小毛软。然而，很多人称，这种憨态可掬的小动物，有时会做出集体自杀的可怕举动来。这到底是怎么一回事呢？

繁殖力强

旅鼠是世界上繁殖力最强的哺乳动物之一。它们一年能生7～8胎，每胎可生12只幼崽，一个月左右，幼崽就能长大、成熟，生出自己的孩子来。有人推算，如果一对旅鼠从3月份开始生子，且它们一年中共生了7胎，每胎12只，一共84只，为第二代旅鼠；假设这84只旅鼠，雌、雄各占一半，那么每一对都成功生育，第1胎的6对，每对可以生6胎，每胎12只，一共可以生432只，这432只旅鼠为第三代……以此类推，一年的最后一批，也就是第八代，数量将达到50多万只，算上前几代的数量，总量为160多万只！即使由于气候、疾病和天敌等原因，死去一半甚至一多半，数量也不可小觑。

这么看来，旅鼠的繁殖力真是可怕，如果它们都活下来，北极地区的生态平衡岂不是要遭受严重的破坏吗？很多人说，我们不必为此担心，因为旅鼠自己会想办法解决。

诱敌来杀

旅鼠的数量一旦达到一定程度，比如一公顷有几百只后，它们就会变得狂躁不安，不是东跑西颠，就是吵吵嚷嚷，仿佛世界末日就要来了，连吃都顾不上了。

更为奇怪的是，它们会从胆小怕事变得勇敢无畏，毛色也由暗淡的灰黑色变成鲜艳的橘红色，明显地暴露在猫头鹰、白头海雕、北极狐等天敌面前，有时甚至会主动进攻天敌，充满挑衅。有人认为，旅鼠这样做不是逞能，而是故意吸引天敌的注意，使它们来吃掉自己。这和自杀没有什么两样。

但一些专家称，旅鼠没那么高尚，根本不会为了族群的未来而牺牲自己。当数量急剧增多时，旅鼠的确会变得狂躁，但它们打击的对象不是自己，而是同类。至于它们的毛色为何会变得鲜艳，目前还没有确切的答案。

跳海自尽

假使旅鼠诱敌来杀真的是为了保持生态平衡，那么，光靠天敌，就能把数量控制住吗？

前面算过，旅鼠若顺利地一代代繁殖下去，数量极为惊人，而天敌却是有限的，旅鼠再怎么挑衅，也无法通过天敌将数量减少到让它们满意的程度。

许多人称，旅鼠会聚集成群，先是没有目标地东跑西颠，好像在为出发做准备而慌乱地忙碌，然后不知是谁带头，忽然都朝着同一个方向奔赴而去。一般地，它们白天休息，晚上摸黑赶路。沿途中，不断有同类加入，队伍越来越庞大，常常达到数百万只……就这样，旅鼠大军逢山过山，遇水涉水，只知前进，不会后退，甚至不会绕路，直奔大海。到了海边，它们纷纷毫不犹豫地跳下去，自尽而亡。

或是伪造

是什么导致数不清的旅鼠自发集群自杀呢？这种意识是如何代代相传的？

相当数量的专家认为，这种现象是人类伪造的，现实中根本不存

在。比如迪士尼在1958年拍摄的纪录片《白色荒野》中，记录了旅鼠集群自杀的现象。然而，后人证实，片中“自杀”的旅鼠只有几十只，制作方通过技术手段，使“自杀”的旅鼠看上去有成千上万只；更令人震惊的是，那几十只旅鼠并非自杀，而是被摄影师逼着跳进海里的。

或是意外身亡

有专家解释，旅鼠的确繁殖力很强，当数量太多，当地食物短缺时，它们往往会搬到其他地区生存，有些会朝海边或湖边进发。由于跟随者越来越多，一部分旅鼠会尝试游到湖、海的对岸，在这个过程中，不少旅鼠会被淹死，于是，使人产生了旅鼠跳海自杀的误会。

当然，也有不少人坚持认为，《白色荒野》中旅鼠自杀的画面虽然是伪造的，但不能说明这种现象不存在。

真相究竟如何，目前不得而知。

食人猴之谜

提起猴子，你首先会想起什么？是美猴王孙悟空，还是国宝金丝猴？是动物园里的捣蛋鬼，还是山野里的“武林高手”？如果让菲律宾深山里的人回答，他们会毛骨悚然地从牙缝里挤出几个字——食人猴！

恐怖的食人猴

不是所有的猴子都招人喜欢，有的猴子相当可怕，比如食人猴。这种猴子生活在菲律宾的崇山峻岭中，凶狠似狼，喜欢吃人的肉，又残酷如熊，喜欢把人当玩具一样耍弄。它们动不动就下山袭击村庄，给人和牲畜带去极大的危害。因此，当地人谈“猴”色变，送其绰号——食人猴！

瞧瞧它们的鬼样子

食人猴浑身上下都长满了毛，面部向后退缩，尾巴长在脊柱的末端。它们不仅长得可怕，还拥

卷尾猴

有超常的智慧。它们喜欢群居，纪律严明，不同的集体分住在不同的领地内，经常发出哼哼、咕哝声，科学家称那是它们的语言。它们平时以小动物和树上的果实为食，能够使用天然工具，还能有意识地总结劳动经验。

食人猴从哪儿来

食人猴如此可怕，早就令当地人恐惧不堪。科学家经过几番研究，却没能从它们身上挖掘出多少秘密，对于它们的起源和进化史，还是一头雾水。

有人认为，食人猴或许是人类演化史上被遗留下来的一个环节，由于某种原因，没有进化到人类这个阶段；还有人认为，食人猴只是从猿到人发展系统中的一个旁支。

没能力替代人类

不论食人猴是怎么进化来的，都不会对人类造成威胁。我们知道，人和动物的最大区别之一是能否制造工具。食人猴的智慧虽然高于普通猴子，但还不能制造工具，所以不能进化成人，而且它们的集体顶多算是“群”，远没有达到氏族部落的程度。

吸血蝙蝠之谜

动物的血液也能做成美食，不过要以煮熟为前提，否则又腥又臭，即使豺狼虎豹对之也没有多大兴趣。然而，有种动物天生就爱吸血，那便是吸血蝙蝠。

天生不是美食家

有人对甜食疯狂，有人偏爱咸菜，有人吃饭讲究无肉不欢，有人只钟情清淡营养的水果和蔬菜……吸血蝙蝠可没人类这么复杂和麻烦，它们整个家族上上下下只吸血。这在哺乳动物里，可是独一无二的。

味觉迟钝

吸血蝙蝠成不了美食家，这要“归功于”它们糟糕而迟钝的味觉。科学家对3种吸血蝙蝠的味觉感受器进行了研究，还对吸血蝙蝠进行了行为测试，观察它们是否会将鼻子转向某个特定的味源，以及它们是否喜欢这种味道。结果，科学家发现，吸血蝙蝠不仅对甜食没兴趣，对苦、酸、咸等味道的食物也不关心，它们

的味蕾十分迟钝，根本分辨不出酸甜苦咸的区别来。

寻找食物有妙招

如果被蒙上眼睛、捆住手脚，只通过品尝来分辨柠檬、苹果、盐、苦瓜等食物的粉末或汁液，你能办到吗？显然没有问题，因为人类拥有灵敏的味觉。可吸血蝙蝠的味觉那么差，它们是如何寻找并判断出美食的呢？

科学家说，吸血蝙蝠可以通过嗅觉、回波定位和感温测试等技能找到食物。这些技能可以很好地帮助吸血蝙蝠搜索出血液，并找出猎物毛细血管分布最多的部位。

“吸血鬼”是如何养成的

为何吸血蝙蝠如此挑食，只对血液情有独钟呢？它们是如何进化成“吸血鬼”的呢？对此，科学家还没找到答案。有人认为，从前的吸血蝙蝠也吃别的东西，后来随着味蕾逐渐退化，就专门吸血了；还有人认为，吸血蝙蝠的味觉一直都很迟钝，在诞生之初就独爱吸血。

哺育老鼠的猫

猫和老鼠是天生的冤家，猫捉老鼠也是天经地义的事情。但是，偏偏有猫叛变族规，不仅不捉老鼠，还甘愿当老鼠的“奶妈”。

意外成为孤儿的小老鼠

缅甸有个农民在锄地时，无意间掘开一个鼠洞，把母老鼠给锄死了。于是这个农民把窝里剩下的5只吱吱叫的小老鼠带回家，准备给家里养的母猫当美餐。

莫名其妙的猫妈妈

谁知，母猫见到小老鼠后，没去捕杀，而是把它们当成了自己的孩子，与自己所生的小猫一起喂养。小猫们似乎也被母亲的善良感染了，同小老鼠亲如一家。

勇于改过的猫妈妈

有歇后语云：猫哭耗子——假慈悲。可是有的猫却会真心实意地为老鼠悲痛。印度尼西亚的爪哇岛，就有这样一只母猫。

一天，爪哇岛上一个叫哈迪的人发现自家的母猫从稻田里带回来4只小老鼠。不过，和缅甸那只母猫相比，这只母猫定力稍差，它一时嘴馋吃掉了一只小老鼠，之后及时“悔过”，将剩下的3只养了起来。没过多久，几只老鼠相继死去，母猫守在老鼠尸体旁不肯离去，还哀号不止。哈迪很诧异，捉来6只小老鼠送给母猫。母猫这才放下悲痛，精心养育新来的“养子”。

为何母性泛滥

生物学家认为，猫哺育老鼠并非天方夜谭。在母猫产子后，将母猫的尿液涂抹在出生不久的小老鼠身上，母猫便会接受并哺育小老鼠，这是一种先天性行为，是由其体内的遗传物质所决定的。不过，上述事件中并没有提到在小老鼠身上涂抹猫的尿液，哈迪送母猫小老鼠时，远非母猫刚刚产子的时期，为什么这两只母猫都将小老鼠当亲生孩子一般看待呢？这真是个难解的谜题。

白兔自燃之谜

你看过《神奇四侠》吗？在电影中，超级英雄强尼·斯托姆有控制火的能力，能够迅速自燃并发动攻击，故名“霹雳火”。现实中也有自燃现象，不幸的是，现实中的自燃者可没有“霹雳火”的运气好，它们即使不被烧成灰，也会饱受灼烫之苦。

自燃不罕见

无论是自然界还是人类社会，都存在自燃现象。最常见的是林木自燃，不多时便会燃起一片火海，给自然界和人类带来巨大的损失。人体也会自燃，早在17世纪就有相关现象的记载，20世纪更是发生了多起，其中很多都成了“悬案”。

动物也有自燃现象，只是极为罕见。

惹火上身的白兔

目前，离奇自燃的动物只有一种——白兔。

比利时布鲁塞尔的一个研究所里养了一些白兔，供实验研究用。一天，一只白兔战战兢兢，研究人员感到很奇怪，赶忙用手抚摸它的后背，希望它能安静下来。谁知，白兔的背部灼热，而且越来越烫，研究人员赶紧撤手，还没想出降温的方法来，就见白兔自燃起来，不久就成了一堆灰烬。

纵火犯至今不明

白兔离奇惨死，研究人员十分震惊，里里外外查了个遍，也没找到起火的原因。因为，研究所的环境并不干燥，远达不到自燃的条件；兔笼内外没有任何易燃物品；白兔的食物也没问题，它平时只被供给葡萄糖和鲜奶。显然，这是一种由内向外的自燃现象。

那么，是什么导致白兔自燃的？有人认为这同一些人体自燃事件很相似，可能是由自燃者情绪不稳定造成的。就人类而言，谁都有情绪不稳的时候，但自燃的可没几个。这个理论放在白兔身上，就更牵强了，难道白兔也会情绪不稳，或产生“心理障碍”吗？ 研究人员至今也没研究明白。

灰熊的生物钟之谜

冬天来了，远远近近，不是白茫茫的雪，就是灰不溜秋的树木。咦，那边的大木桩怎么能移动？原来，那是一只大灰熊。它不是在散步，而是在寻找能够安家的洞穴。

给灰熊画像

灰熊是棕熊家族的一员，长得又肥又壮，体形仅次于北极熊和科迪亚克棕熊。灰熊的一生，外表会产生一些变化：幼年时毛呈棕黑色，脖子上有白色的领环；长大后，毛多为棕褐色或棕黄色；年老时，毛就变成银灰色的了。

准时去冬眠

冬眠是件麻烦事，早在天气刚刚开始变冷的时候，灰熊就忙起来

了。首先，它们会找一个树洞，或自己挖一个洞穴。然后，在树洞里放一些树枝、草——这样冬眠的时候才舒服。天寒地冻之时，没有足够的食物充饥，灰熊举止懒散，新陈代谢速度变慢，便一头钻进树洞里睡大觉。

冬眠时，灰熊的体温下降，心跳和呼吸速度也放慢。但别以为这时就可以趁机欺负它们。和青蛙、蛇之类的动物不同，灰熊冬眠时睡得没有那么沉，当遇到危险时，它们会很快醒来。尤其是在一些温暖地带，灰熊冬眠的时间很短。

生物钟“号脉”

每当冬天来临，灰熊就会自动进入休眠状态，这是受什么控制的？科学家经过跟踪研究，发现灰熊身上有一种神秘的“生物钟”系统。生物钟能准确感知地球的“脉搏”，明了气温、气压、降雪等天气情况。当天气情况发生变化时，生物钟就会逐步向灰熊发出指令，让灰熊做好冬眠的准备并进入冬眠状态。

不过，科学家至今也不清楚灰熊的生物钟是如何感知地球的“脉搏”及气候、天气变化的，只是猜测生物钟是受灰熊体内的激素调节和控制的。

老鼠生存之谜

俗话说：老鼠过街——人人喊打。但现实中的情形是，无论你想出多少“打”的花样，无论你下手有多狠，老鼠照样活得好好的，这实在令人困惑不解。

见招拆招，本事高

为了消灭老鼠，人们煞费苦心。有人设置捕鼠器，老鼠上过几次当后，就学会了绕着“暗器”走；有人下鼠药，老鼠要么不理不睬，要么吃出抗药性来，倒是可怜的鸡鸭鹅狗被毒死了不少；养猫防鼠的确是个不错的办法，但无法将老鼠根除。

至于追着老鼠打，成功率几乎为零：老鼠有“缩骨功”，能穿过比瓶盖还小的洞口；老鼠是玩水高手，能逆流游至2千米远，还能踩水3天以上；老鼠还是跳高健将，既能一跃1米来高，又能从15米高的地方跳下而安然无恙。人类实在拿它们没办法。

瘟疫是好友

古往今来，瘟疫屡屡作案。可是，我们听过鸡瘟、牛瘟、猪瘟，却从没听过能让老鼠横尸遍野的瘟疫。瘟疫不仅不伤害老鼠，还与它们臭味相投。历史上诸多恐怖瘟疫，都是因老鼠等野生啮齿动物而引起的。比如，14世纪中期，老鼠在欧洲引发了一场骇人听闻的鼠疫，这场瘟疫横行数年，夺去了约2500万人的生命，相当于当时欧洲总人口的1/3。随后的数十年里，又有约5000万人因此而丧命。

难解的生存之道

人类想保护的珍稀动物，要么艰难地活着，要么走向灭绝。人类一心想清除的老鼠，却偏偏过得逍遥自在。老鼠的生命力、适应力和繁殖力为何那么强？想找到答案，科学家还有很长的路要走。

探索·发现
——哺乳动物之最

超级英雄可不是漫画或电影里才有，在现实的自然界中，哺乳动物就有许多超能精英。让人敬佩的是，这些“超能”无须重金打造，也不用奢望意外而得，统统是天生的。

蓝鲸

“蓝巨人”——蓝鲸

漫画里有超级英雄绿巨人，自然界的动物中则有超级英雄蓝巨人。蓝鲸不仅是迄今体形最大的海洋哺乳动物，也是现存最大的动物。有记载的体形最大的蓝鲸为雌性，体长约33.6米。通常情况下，成年蓝鲸的体长为22～33米，重量为150～200吨，相当于2000～3000人的体重总和。

“灰巨人”——非洲象

非洲象的体形虽比不上蓝鲸，但在陆地上却可以称王。一般而言，雄象比雌象高大，成年雄象肩高2.3～4米，体长6～7.5米，体重可达7吨多。

非洲象

树懒

“懒蛋侠”——树懒

树懒也有自己的“超能力”——超级懒，平时就懒散地待在树上，一动也不动，甚至在遭遇危险的时候，动作也是慢吞吞的。科学家说，树懒之所以能成为最懒的哺乳动物，是因为其食物热量少且带有麻醉成分。

红袋鼠

“袋袋侠”——红袋鼠

袋鼠是最有名、最大的有袋动物，而红袋鼠则是体形最大的袋鼠。它们四肢有力，能踢能打。一般而言，只有雄性身体才是红褐色的，雌性身体呈蓝灰色。

“闪电侠”——猎豹

猎豹又叫印度豹，腿长，身体瘦，四肢有力，柔软的脊骨仿佛一根大弹簧……似乎所有器官都为速度而生。作为陆地上短跑速度最快的动物，它们一次只捕杀一只动物，奔跑

猎豹

速度可达120千米/小时。可惜的是，它们耐力不强，跑一阵就得停下来休息。

藏羚羊

“疾风侠”——藏羚羊

短跑冠军非猎豹莫属，长跑冠军争议就大了，目前多数人认为桂冠应归藏羚羊。藏羚羊生活在高而寒冷的草甸、荒原、荒漠区，为中国特有物种，是国家一级保护动物。它们极善奔跑，速度为70～180千米/小时，而且耐力强，能疾奔好久而不需休息。

“机智侠”——黑猩猩

哺乳动物中除了人类，最聪明的当数黑猩猩。黑猩猩的大脑容积虽然只有约400毫升，不如大猩猩（大猩猩的大脑容积约为500毫升），但是，它们的脑功能却比大猩猩强大得多。黑猩猩懂得制作工具帮自己觅食，捕猎技巧纯熟，它们甚至还懂得一些符号的意思。

黑猩猩

第七章

动物界的奇闻逸事

动物的智慧或许远高于我们所想象的，它们有的能像孙悟空那样画禁圈，有的能预测未来、占卜吉凶，有的能将变性当“儿戏”，还有的能模仿人类举行葬礼……显然，如果动物界也有“达人秀”，肯定也相当精彩。

黑猩猩

动物思维之谜

在词典里，对思维的解释是："在表象、概念的基础上进行分析、综合、判断、推理等认识活动的过程。思维是人类特有的一种精神活动。"从生物学上看，这种说法科学吗？动物有没有思维呢？人们的意见达不成一致，大体分成了两派，争论得很激烈。

反方观点：没有思维

很长时间以来，一些心理学家和生物学家都对这个问题给出了明确的答案，甚至不屑于在这个问题上深究。他们认为：一切动物都没有思维，尽管我们总能见到一些动物做出带有情绪、思想的举动，但那不过是某种无意识的动作而已。

反方证据：动物不会照镜子

你听过这个故事吗？一只大灰狼

狮子

好斗成性，整日作恶。一天，它在镜子中看见了另一只狼，跟自己长得一模一样，便开始挑衅对方，并大打出手。殊不知，镜中的动物只是自己的反射影像而已。这个故事有科学依据吗？

海鸥

照镜子这件事对人类来说，既简单又平常。许多科学家认为，动物是不会照镜子的，即使聪明的猫、狗、灵长目动物，无论你怎么训练它们、启迪它们，它们也不会明白镜子里的动物就是自己，原因就在于动物的大脑里根本就没有一个独立的思维系统。

正方反驳：动物会照镜子

当然，持肯定观点的也大有人在。有科学家做过这样的实验：他们找来4只黑猩猩，其中2只需要照镜子，另外2只不能照；然后，将4只黑猩猩全部麻醉，把彩色颜料涂在它们的前额上。结果发现，照过镜子的黑猩猩都竭力擦掉额头上的颜料，没照过镜子的黑猩猩则没有这种举动。

由此，这些科学家认为，有些动物是会照镜子的，它们具备思维能力。但反对者称，实验只能说明黑猩猩聪明，不足以证明它们懂得镜子里的动物就是自己。

黑猩猩

海獭

正方观点：有思维

就动物有思维这个观点，站在正方立场上的科学家给出了诸多证据：20世纪50年代，人们偶然发现，一只大山雀啄开了一户人家门口的牛奶瓶瓶盖，几周后，附近的山雀都学会了这种技术，并代代相传；经训练的黑猩猩能从对称排列的17 个物体中找出排在中间的物体来；猴子可以从三个物体中选出一个与其他两个不同的物体；海獭会把石头当作工具，用来敲击贝类以去掉贝壳……

美国心理学家罗伯特·约翰逊认为，动物们要解决上述这些复杂的问题，光靠条件反射显然是行不通的，它们需要去思考，这种思考活动就是思维。他还说："一只狗对它的后院是什么模样有很好的概念，甚至对它的整个邻近地区看上去像什么都有很好的概念。它能找到路，甚至知道各种东西的位置。毫无疑问，这肯定是一种思维。"

动物趣闻

美国麻省理工学院的生物学专家在对大鼠进行测试时，发现它们在睡觉的时候，某个阶段的脑电波和白天走迷宫的时候很相似，由此推断出，它们正在做一个关于走迷宫的梦。巴西和美国的三位科学家在测定三趾树懒的脑电波时，发现三趾树懒也会做梦，而且可持续2个小时。

正方补充：思维能力还不低

海鸥

有人认为，许多动物不仅有思维，而且思维能力比我们想象的还要发达，它们不仅能学习，还能创造和撒谎。如：鸥鸟的叫声能携带多种不同的信息，每个信息的意义都是由当时的情况决定的；章鱼能借助自己5亿个神经元和多条手臂从广口瓶里取出蟹；潜水员的衣服里发出气泡声，海豚听到后，可以惟妙惟肖地进行模仿；坦桑尼亚生活着一种类人猿，它们能把蚂蚁骗到一根树枝上，然后捏成小球，送进嘴里……

黑猩猩

结论：两方论据都不足

动物到底有思维吗？动物的思维活动和人类的一样吗？如果动物有思维，它们是怎样进行思维活动的？正方、反方争执不下，尽管都能提供不少证据，但谁也不能给出一套充分而系统的解释来。所以，这些问题迄今还是未解之谜。

海獭

动物禁圈之谜

黄鼠狼

在魔幻小说里，魔法师常常用法术在地上画一个大圈，把需要囚禁的人或需要保护的人放在大圈内。这个大圈就是所谓的“结界”。在动物王国里，许多动物不用研习魔法就能造出“结界”来。

貂熊造“结界”

故事里的“结界”有两种功能，有的可以防止外面的东西跑进圈内，有的可以防止圈内的东西跑出去。貂熊的“结界”就兼具这两种功能。

貂熊耐冷，喜欢生活在寒温带针叶林和冻土草原地带，平时个个是流浪汉，居无定所，只有在繁殖季节，才会为下一代找一个固定的巢穴住。它们不挑食，既吃浆果、草茎等植物，也吃鸟、鼠、野猫、狐狸等动物。它们动作敏捷，又有力气，可以轻松地捉到猎物。如果猎物吃不完，或者因为紧急情况一时不能吃，它们就会围着猎物撒一圈尿。这尿圈似乎被注入了魔法，能把小动物牢牢困在里面，乖乖等貂熊享用；而

圈外的豺狼虎豹只能“望圈兴叹”，根本不敢靠近。

貂熊

臭液建奇功

尽管貂熊长得威风，却没有几个动物愿意靠近它们，因为它们“臭名远扬”。它们的屁股附近有发达的臭腺，臭腺分泌的臭液刺鼻难闻，和氨水的味道颇为相似，还有一定的毒性。猎物或敌人近距离闻到后，轻则恶心呕吐，重则眩晕。

所以，不论是被捕捉的小动物，还是来犯的大型食肉动物，都对用臭液圈成的“结界”束手无策。有时，貂熊无路可逃，就会在臭液上打个滚，让敌方无从下口，然后趁机逃之夭夭。

那么，这种臭液的成分具体都有什么呢？貂熊是如何进化出这种臭腺来的？科学家还在研究探索。

黄鼠狼圈蛇

黄鼠狼也会画禁圈。有人曾目击一条蛇顺着葡萄藤滑下，正要离开，忽然遭遇了一只黄鼠狼。黄鼠狼没有急着去捕蛇，而是在蛇周围绕了

貂熊

黄鼠狼

一圈。不可思议的是，蛇仿佛中了魔法，立刻停止爬行，只是待在圈内无奈地吐芯子。过了一会儿，来了5只黄鼠狼，它们把蛇咬成几段，每只衔着一段离开了。

这种现象发生的概率很小，破解难度远大于貂熊禁圈。

棘鱼圈地盘

蛇

雄棘鱼同样是“结界大师”，不过它们的禁圈拦的不是猎物，也不是敌人，而是其他雄棘鱼。

雄棘鱼平时是成群生活的，到了繁殖的春季，它们就会赶走附近的同性，圈地筑巢。禁圈的“大门”对雌棘鱼无私敞开，对外来的雄棘鱼则牢牢关闭。如果外来的雄棘鱼不识趣，一场大战便会打响。战斗时，圈内的主人很少游出边界，总是在圈内的边界进行“保卫战”。

棘鱼早已灭绝，科学家对棘鱼禁圈的研究，一直没有太大的进展。

腔棘鱼

动物雌雄互变之谜

深海中生活着一群红鲷鱼，它们过着"一夫多妻制"的生活。最近，红鲷鱼家里出了大事，唯一的雄性失踪了！"丈夫"久久不归，最强壮的那位"妻子"挺身而出，由雌性变成雄性，成为新的"一家之主"，统治这个家庭。

能变性的动物

有些生物的性别可以自然地发生转换，开始是一种性别，之后，变成另一种性别。科学家给这种雌雄互变的现象取了个名字，叫序列性雌雄同体。动物的变性现象多发生在鱼类中，如小丑鱼、石斑鱼、黄鳝等。

归根结底，动物变性是为了更好地生存。不同的生物，变性能力、变性方式及变性条件都有所不同。

变性精英汇

小丑鱼领域性很强，一个海葵里往往只生活一对小丑鱼，只有在地

小丑鱼

盘足够大的情况下，它们才会同意其他未成年的小丑鱼入住。一旦“妻子”死亡，剩下的那条雄性小丑鱼就会变成雌性。但通常情况下，雌性是不能变成雄性的。

沙蚕

生活在美国佛罗里达州和巴西沿海的蓝条石斑鱼，一天中可变性好几次。每当黄昏之际，雄性和雌性的蓝条石斑鱼便发生性变，甚至反复发生5次之多。

黄鳝刚出生时，都是“女儿身”，个个身材苗条；长大产卵后，就会变成身体粗壮的“男儿”。

离奇变性的沙蚕

沙蚕有点儿像蜈蚣，生活在沿海的泥沙中，也有雌雄互变的能力，只是变化的条件很离奇——需要亲密接触。当把两条雌沙蚕放在一起时，其中一条就会变为雄性，另一条保持原性别不变。不过，如果把它们分别放在两个玻璃瓶中，相互不接触，那么，它们就都不会发生变性现象。为什么会这样呢？现在还是个谜。

小丑鱼

变性本领高超的牡蛎

牡蛎

有一种牡蛎，产卵后变为雄性，当雄性性状衰退后又变为雌性，有时一年内能发生两次性别转变。但是牡蛎过的是群居生活，家族里既不缺雄性，也不缺雌性，为什么还要变性呢？这个问题目前还没有答案。

变性现象不普遍

科学家分析，变性现象对生物体来说是利大于弊的，是由生物进化造成的。那么，为什么这种现象在动物中并不普遍呢？尽管人们对这种现象已经有了一定的了解，但仍无法对其罕见性做出合理解释。

耶鲁大学研究生艾莱姆和他的顾问阿伦佐对这个现象进行了研究，他们发现，那些可变性的动物，要将30%的生命能量耗费在变性过程中。阿伦佐表示，对于绝大多数动物来说，变性得不偿失，所以没必要进化出这种本事。

不过，这只是一种猜测。研究人员表示，他们下一步将对序列性雌雄同体生物和普通生物的交配进行研究，以尽快找到答案。

石斑鱼

燕鸥

动物红白喜事之谜

人类社会有“红白喜事”一说，“红事”指的是婚事，“白事”指的是丧事。如果说动物中也有红白喜事，你会做何感想呢？

在哺乳动物中不稀奇

猴、猿属于灵长目动物，多数种类过着群居生活，遇到喜事、丧事会有庆祝、哀悼的行为；大象也群居，彼此感情深厚，家族成员死后，其他大象常常围在它的身旁，伤痛不已，甚至一段时间后到达死者尸骨旁，仍会表达哀思。

哺乳动物的智力在动物王国中等级最高，做出以上行为不足为奇。但昆虫、鸟类等也为红白喜事操劳，就很奇怪了。

婚前送聘礼

中国有些地区有这样的习俗：在举行婚礼之前，男方要给女方送聘礼，也叫彩礼。鸟们也有这样的讲究。

欧洲有一种白头翁，雄鸟从远方归来时，会给“未婚妻”带回礼物，礼物多是美丽的鲜花，以

白头翁

示对“未婚妻”的爱慕、对爱情的忠贞。

燕鸥身形和家燕很像，只不过其“燕尾服”的颜色以白色居多。在举行“婚礼”之前，雄鸟会衔来一条小鱼放在雌鸟身旁，当作“聘礼”。雌鸟收下“聘礼”后，就表示接受了雄鸟的求婚，从此它们便可以比翼双飞了。

燕鸥

灰鹤哀悼

西伯利亚地区生活着一种灰鹤，对白事，它们有一套奇特的哀悼仪式。首先，它们伫立在死者身旁，不住哀鸣。接着，首领发出一声尖锐的长鸣，其他鸟立刻低下脑袋，停止鸣叫，看上去伤心不已。

沙蚁送葬

北非的沙蚁生性好斗，对阵亡的战士极为敬重。每次大战后，它们都排成一串长长的“送葬”队伍，将亡者的尸体扛到墓穴里，再在尸体上覆盖一层薄薄的沙土，最后，还会运来带根的小草插在墓穴周围。

棘手的难题

雄鸟“下聘礼”，固然是为了获得雌鸟的芳心，以繁衍后代。但“下聘礼”的习性是如何养成的呢？不论是灰鹤还是沙蚁，都是靠本能来生活的，它们的葬礼为何与人类的表达方式那么像呢？真是令人百思不得其解。

灰鹤

动物“杀过”行为之谜

蟒蛇饿的时候，能吞下一只鹿，但它们一旦吃饱就变得懒洋洋的，即使猎物从身边经过，也懒得去捉。这在自然界，是很平常的事情。但有些动物不同，它们会一次杀死远远超过自己食量的猎物。

玩弄猎物的金钱豹

对金钱豹来讲，山羊是鲜美的食物。但有只特立独行的家伙却不这么认为，在它眼中，山羊更像玩物。有人曾发现，一只金钱豹在吃饱喝足后，又猎杀了17只山羊，它没有吃掉猎物，而是将猎物整齐地排列起来，然后扬长而去。其中原因，至今不明。

罪行累累的赤狐

别看赤狐个子小，却多次犯下“杀过”的罪行。

金钱豹

赤狐经常跑到农村偷猎，有时会咬死农舍里的所有家禽。一位荷兰科学家彻夜蹲在鸡舍旁，目睹了这件惨案的发生。当时，一只赤狐跳进农舍，用了不到10分钟的时间，就把鸡舍里的12只鸡全部杀死，离开时只带走了一只小鸡，其他的鸡全部留在鸡舍。

赤狐还曾在暴风雨之夜闯入黑头鸥的栖息地，将里面的十多只黑头鸥逐个咬死，然后既不吃也不带走，独自离去。

金钱豹

海中也不平静

海中也有此类“杀过”行为。海狮和海豹脂肪厚、肉多，是虎鲸的主要食物之一。有时虎鲸吃饱后，仍不放过这些海兽，直到快令对方“全军覆没”时，才会若无其事地游走。

还有谁发了狂

在动物界，有“杀过”罪行的动物并不少。狮子、北极熊、狼都有这种行为。几只狼明明吃一两只驯鹿就能填饱肚子，偏偏要杀上百只。北极熊一口气能杀死十几只独角鲸。在

赤狐

一些地区，食肉动物甚至会打起人类的主意，只伤只杀而不吃。

鸟类也会做出这种莫名其妙的事情。有些猫头鹰在吃饱的情况下遇到田鼠，也不会将其放过，而是一路穷追不舍，直到将其赶尽杀绝。

知识快递

遇到熊的时候，装死是没有用的。有些熊好奇心很强，会用锋利的爪子和带有倒钩的舌头摆弄猎物的身体，如果玩得开心，还会把自己的整个身体都扑上去。可想而知，在这种情况下，猎物即使不被吃，也会受重伤。

是天性使然吗

古语云“过犹不及”，为什么上述动物不遵守这个原则，犯下“杀过”罪行呢？科学家们研究后，纷纷给出了自己的看法。可惜的是，目前还没有令人信服的答案。

有人认为，肉食动物的天性中便有残忍的一面，它们会为了填饱肚子而捕猎，也会为了取乐而无节制地虐杀猎物。此观点一出，立刻招来反对之声，原因很简单：缺乏充分的理论依据和足够的实例证据。

是受了刺激吗

有人认为，肉食动物是受了猎物的刺激才这么做的：遭遇捕杀时，有些猎物会惊慌失措、乱成一片，从而

北极熊

狮子捕猎

激发了肉食动物的野性，故全部被残杀；有些动物则会拼命挣扎和反抗，捕食者被激怒了，才大开杀戒。

这个观点较有科学性，却解释不了赤狐杀黑头鸥事件。科学家发现，黑头鸥这种鸟有点儿呆，尤其是暴风雨降临的时候，黑头鸥全都蹲在地上一动不动，哪怕遇到袭击也不会逃避。没有反抗和挣扎，何来的刺激呢？

另外，肉食动物捕杀一群猎物时，引发对方四散逃窜是再正常不过的事情，但“杀过”行为却没有屡屡发生。如果此观点成立，捕食者应该经常发狂才对，实际情况却恰恰相反。

原因只有一个吗

有人认为，动物的“杀过”行为，原因不止一个，而是多种因素综合影响下的结果。还有人认为，不同的“杀过”事件有不同的原因，不能一概而论，应该具体问题具体分析。但是，这些人都没有给出具体的解释。

鲸鱼捕猎

动物报复之谜

正所谓“兔子急了会咬人”，动物被人类伤害得太深，很可能展开报复。它们的报复行为不仅多种多样，有的还颇有策略，远远超乎人类的想象。

猴子：冤有头债有主

我们去动物园或风景区的时候，常常会看到猴子。要注意的是，千万别想着伤害它们，它们的报复心理可强着呢。

我国四川的峨眉山上生活着许多猴子。一天，有个年轻人拿着一把花生逗弄一只小猴子，被猴子抓破了手。年轻人很生气，顺手拿起一根木拐杖，朝那只猴子狠狠地打了一下。第二年，他又来峨眉山玩，遭到了一只猴子的攻击，腿肚子鲜血直流，其他游人则安然无恙。等他准备反击时，那只猴子已经爬到了树上，还幸灾乐祸地冲他做鬼脸。这时，他才知道，自己遭到了猴子的报复。

猫头鹰：子债父偿

1988年5月的一个清晨，湖北丹江口的一个工人走在上班的路上。突然，两只猫头鹰从前面的树枝上俯冲而来，对他展开了连番攻击。工人躲闪不及，被啄伤了右眼。

原来，这对猫头鹰生活在这个工人家的墙洞里。数日前，附近几个调皮的孩子掏了鸟窝，拿走了4只小雏鸟。其中一只被这个工人的儿子带回喂养。猫头鹰父母很焦急，四处寻找雏鸟，终于在工人家找到了一个孩子。于是，它们整天守在工人家附近的树上，寻找报复的时机。

大象：有仇一起上

在西双版纳的一条小河里，曾有一只小象在玩水时遭到村民的枪击，重伤而死。母象悲痛至极， 一步一回头地走进了丛林深处。过了两天，它率领着十几头大象冲进了村子。当时，村里的青壮年都在山上干农活儿，村子里只有老人和小孩儿。老人和小孩儿无人保护，只得四处逃命。象群没有追赶他们，却四处搞破坏，把村子搅了个天翻地覆。

骆驼：君子报仇，数月不晚

在沙特阿拉伯，有个油坊老板养了一头老骆驼。一次生意亏了本，

他便拿骆驼撒气，打得骆驼遍体鳞伤。几个月后，老骆驼不知为何突然想起往事，它离开骆驼棚，冲进主人的帐篷，咬破了被子，踏碎了餐具。当时主人恰好不在，否则非受重伤不可。

骆驼

难解之谜

动物的报复行径，我们已经见识到了。那么，它们的报复心理是怎样产生的？它们是如何将仇恨牢记数天乃至一年之久的？为什么有的动物讲究“冤有头，债有主”，而有的动物又不这样呢？所有的答案，目前都不得而知。

动物也懂报恩

动物不仅会报仇，也懂得报恩。比如，家猫、家狗经常做出冒死救主的事情，甚至一些野生动物也具备这种美德。在西伯利亚地区，一个牧羊人救了一只仙鹤，并同它生活在了一起。这只仙鹤竟然承担起了牧羊犬的工作，一心一意守护羊群。一旦有羊擅自离群，它就会伸出长嘴将离群的羊狠狠地教训一番。

仙鹤

动物的“第六感”

你有过这些感觉吗？到了一个地方，发现那里的东西很熟悉，但确信之前从未涉足此地；预感某些事情要发生，结果它真的发生了；突然想起一个许久没联系的人，结果很快就得知了关于他的重大消息……这些都属于第六感。人有第六感，动物有吗？

这就是“第六感”

一般地，人和一些动物都有五种感觉，即由眼而发的视觉，由鼻而发的嗅觉，由耳而发的听觉，由皮肤而发的触觉，以及由舌而发的味觉。第六感则是这五种感觉之外的、由心而发的感觉，标准名称叫超感官知觉。

打个比方，我们的大脑就像一个汪洋大海，会接触、储存许许多多的信息。其中，很多信息平时积存在“海洋”深处，不被我们所察觉。一旦它们由“海底”浮到“海面”，就会变成一种可以辨认的感觉——第六感。科学家发现，动物也有第六感，其精准程度甚至远远超出人类的想象。

塞特犬

神秘“预言家”

动物也能当“预言家”，它们不能讲话，但可以通过动作和叫声对未来做出预测，而且往往非常准确。

英国有个工程师，由于工作原因，回家的时间总是不固定。但是，每当他开车至离家还有10千米的一个拐弯处时，总会看到两条长着瘦长腿和红棕毛的塞特犬朝车奔来，那是他的爱犬。十多年来，两条狗总是如此，极少出现差错。

猫的预测本领也不差。美国伯克利市一位工程师养了一只宠物猫，如果工程师从外面打电话回家，只要电话铃声一响，它就会跳到桌上并用前爪推动听筒，而对于别人打来的电话它却不理不睬。

动物的预测能力可不仅仅体现在等候、迎接主人上面，它们还能预知危险、做出警报。德国动物行为学家阿午布莱西特经历过这样一件事。一天，她的爱犬发疯一样朝着房门又扑又叫，一心想出门。她正预感有什么不祥的事要发生，突然，她的丈夫推门进来了，他满脸是血，浑身是伤。原来，他刚刚在酒馆里跟人狠狠打了一架。

身怀“预言钟”

德国动物行为学家阿基夫·皮林西和罗尔夫·戴根认为，猫和狗虽然没有能预测未来的水晶球，但体内藏有神秘的“钟”。这个“钟”没有确切的节奏，但能预测到未来将发生的一些事情。那么，这个“钟”到底

是一种什么物质呢？它是如何形成的，又是如何起作用的？至今两位动物学家仍没有研究出来，其他的科学家也没能给出更令人信服又具体的解释。

超强“导航通”

我们都听过这样的事情：某人将养了许久的猫、狗遗弃或送人，或出于某种原因将猫、狗丢在半路上，猫、狗总能回到主人家，哪怕中间隔着很远的距离。

德国动物行为学家鲁伯特·莱希霍尔夫认为，这是因为猫、狗等动物具有返程识别力，大部分动物都有这种能力，而且返回的速度快得惊人，比如狗仅用一天的时间就能轻松地返回80千米外的地方。

“导航仪”藏在哪儿

多数动物都是杰出的“导航师”，它们是如何做到这一点的呢？人们提出了很多猜想，有科学家经研究认为，动物随主人出行时，会将途中遇到的光、声音和气味等储存在记忆里。寻找归途时，这些事物便会浮现出来，在动物的脑海里呈现出一种三维立体的“可视图”，充当指路的导航仪。

灾难预警师

许多动物都对地震、海啸等自然灾害有未卜先知的能力。比如1975年2月4日，中国辽宁海城发生了里氏7.3级地震，震前民居附近的动物出现了诸多反常举动，就像歌谣里唱的那样：“牛羊骡马不进圈，老鼠搬家往外逃。鸡飞上树猪拱圈，鸭不下水狗狂叫。”

谁给予的预警能力

对于动物的灾难预警现象，尽管科学界还没有给出确切的答案，但问题的关键很可能在于动物所具有的电磁感应能力。

德国电磁化学家赫尔穆特·里布切是这样解释的：在重大自然灾害发生前，空中电磁场的变化及空中飘浮物会使动物体内产生一种血清素，这种物质能使动物感到不适，进而出现反常行为。需要说明的是，灾难前的电磁波变化很微弱，人类是无法感受到的。

动物同类相残之谜

动物界有家族和睦、亲子团结的一面，也有自相残杀、自私自利的一面。为什么许多动物要自相残杀呢？有些我们已经找到了答案，有些还是未解之谜。

蚂蚁

手足相残

粗心的青蛙妈妈将卵产在了一个贫瘠的小水坑里。不久，卵孵化了，蝌蚪宝宝饿得头昏眼花，便打起了同胞的主意。于是，它们你咬我一口，我咬你一下，小水坑眨眼变成了战场。

在动物界，不止蝌蚪会手足相残。蝗虫、金雕、沙虎鲨都会做出这种残忍的事情。

这些动物的行为虽然可恶，但这是它们的一种生存本能。一般地，如果食物充足，很多动物是不会打同类主意的，但食物稀缺时，为了生存，它们只能自相残杀，否则大家都可能被饿死。

同类相争

动物们往往领地意识很强，一旦“外人”闯入自己的领地，家族的头目就会毫不客气地驱逐对方，双方大打出手，直到一方投降为止，如狮子、河马、黑猩猩、蚂蚁……黑猩猩有时很残忍，抢夺地盘时，它们会把家族外的黑猩猩残忍地撕裂。

谋杀亲夫

你看过《功夫熊猫》吗？其实，剧组曾安排了一个雌螳螂的角色，后来删掉了。因为螳螂勇士和雌螳螂结合后，很可能会成为对方的点心，为了不影响影片合家欢的氛围，剧组只好割爱。

和螳螂一样，蜘蛛也存在杀“夫”行为。它们这么做，一般是身旁没有现成的食物，只得吃“丈夫”补充营养。

延续基因

有时候，动物伤害同类是为了巩固自己的统治，延续自己的基因，安顿下一代。

年轻的成年雄狮觉得时机成熟时，就会向狮王发起挑战，一旦取得胜利，成为新的统治者后，便会杀死对方的幼崽，以便给自己的孩子腾出地方。很多灵长目动物也会如此，新猴王登基后的第一件事，就是想方设法将老猴王的幼崽赶尽杀绝。

残害亲子

有些动物会因食物短缺而谋害亲子。当栖息地食物匮乏之时，狐狸妈妈为了保全大局，有时会在幼崽中选出最弱小的一只，剥夺其生存权利，把其当成

螳螂

全家人的一顿点心。

有些动物会因气味不同而谋害亲子。嗅觉辨认对于许多动物来说，是母子相认的关键手段。就鼠类而言，如果某个幼鼠身上沾染了大量其他动物的气味，它的下场往往很会惨。

有些动物会因环境干扰而谋害亲子。野猪、红狐、鹳及一些鸣禽，在缺水、受惊扰、幼崽发育不良等情况下，可能会杀死孩子。家兔中也存在这种现象。

难解的现象

动物同类相残的现象，大多有了科学的解释。然而，有些现象，科学家仍没有明确其原因。

企鹅在人们眼中憨厚可爱，是好父母的典范。很难想象，它们也会自相残杀。1990年6月，在澳大利亚，成千上万只企鹅莫名其妙地发生了内讧，大打出手，现场惨不忍睹：大约7000只企鹅因此丧生，其中约6000只为企鹅宝宝。有人认为，这些企鹅是受了某种刺激才发狂的。那么，这种刺激究竟是什么呢？没人能给出答案。

美国一位动物学家目睹过象海豹为争夺首领地位而厮打的场面。奇怪的是，一头雄象海豹被打晕后，对手并没有放过它，而是伙同一群雄象海豹，将手下败将折磨致死。惨败的象海豹何以惹来众怒？动物学家疑惑不解。

探索·发现
——令人震惊的动物奇观

蜂鸟还会玩杂技，鲨鱼也懂得卖萌，袋鼠“武功”堪比李小龙……下面搜罗的每一个动物奇观，都会让你惊叹不已。欣赏之前，别忘了感谢摄影师，是他们不辞辛苦地拍下了珍贵的一幕幕！

壮观的迁徙大军

迁徙是一项艰巨的生存任务，动物们往往结伴前行：牛羚迁徙时，数量常达上百万，场面惊心动魄；红蟹军团能将公路完全淹没；蜘蛛蟹行军时经过海底，乌泱泱一片；帝王蝶集群而飞，可以遮天蔽日……

牛羚迁徙

飞鸟玩杂技

鸟中杂技师比比皆是：灰雁在逆风时，可以翻转身体、倒立飞行，直至安全降落；蜂鸟不仅可以倒退着飞行，还能像直升机一样垂直升降，悬停在空中；雨燕更厉害，能在飞行中进食、交配，还能在飞行中睡觉。

蜂鸟飞行

杀手也“卖萌”

鲨鱼“卖萌”

鲨鱼凶猛异常，但少数时候也会咧开嘴、露出牙，绽放“微笑”；虎鲸是海中之王，却可以在海中表演花样游泳，看上去既赏心悦目，又憨态可掬。

鲸头鹳叼起野鸭

比饱餐一顿更重要的事

一只野鸭无意中挡住了一只鲸头鹳的去路。站在这个1米多高的庞然大物面前，野鸭手足无措。正在它进退两难的时刻，出人意料的一幕发生了：鲸头鹳竟然小心翼翼地将野鸭叼了起来，放到一边。尽管有着水中捕食者的“恶名”，但这只鲸头鹳看上去正急着赶路，对眼前的美餐无暇顾及呢。

好一个动物情深

猫鼬父子感情深厚

在非洲马卡迪卡迪盐沼，一只成年猫鼬把儿子揽在怀中，一同遥望远方地平线，真是父爱如山。

一位摄影师在追踪洞穴猫头鹰时，拍摄到了一组宝贵的图片：猫头鹰哥哥突然扑在弟弟的身上，在弟弟的脸颊上亲了一口；弟弟向后打了个踉跄，差点儿摔倒，但表情很享受。

猫鼬睡觉

奇特的睡觉姿势

蝙蝠倒挂着睡觉，这样既安全又便于随时展开翼膜起飞。

猫头鹰睡觉时睁一只眼闭一只眼，这样便于监视出没的老鼠和防范敌人的侵袭。

猫鼬睡觉时会抱成一团，相互取暖，并把族群首领压在最下面以保护它。同时周围充当护卫角色的猫鼬将耳朵敞开，就算是在睡眠时也时刻注意周围的动静，保持警惕。

文斗还是武斗

2010年，在美国的一个自然保护区内，一只土拨鼠与一只大野牛狭路相逢。它们奉行“君子动眼不动手”的原则，想靠对视一决胜负。至于谁赢了，摄影师也不知晓。

袋鼠争斗

袋鼠斗起来，可就没这么文明了。两只袋鼠为争夺伴侣而大打出手，它们互相抓着对方的胳膊，其中一只抬起大脚，朝着对方的肚子狠狠踹去……

第八章

已破解的动物谜团

世界太大、太深奥，想探究明白可不是件简单的事。不过，作为万物之灵长，人类还是攻破了一重又一重谜团。还等什么？快进入本章的阅读，里面肯定汇集了你最想知道的内容！

蜜蜂飞行之谜

看见蜜蜂飞舞时，你有没有想过这个问题：它们的身体胖乎乎的，翅膀却又轻又薄，为什么能又快又稳地飞行呢？原来，蜜蜂有三大飞行秘诀。

蜜蜂不该飞起来

蜜蜂的身体远重于翅膀，按照空气动力学原理，它们是很难飞起来的，但事实却恰恰相反。这个谜题困扰了科学家数百年，答案揭晓后，科学界一片振奋，将其列为被揭开的十大谜题之首。

秘诀一：翅膀拍得快

和蝴蝶不同，蜜蜂的翅膀扇动得很快，令人眼花缭乱，光靠肉眼可看不清楚，必须借助高端仪器才行。

为了弄清蜜蜂扇动翅膀的情况，科学家把一群蜜蜂赶到了一个透明塑料箱中，并在箱子里安装了3个高速录像机，以6000次/秒的速度拍摄蜜蜂的3D快照。结果发现，蜜蜂通常以240次/秒的速度拍打翅膀。科学家恍然大悟：一般来说，昆虫的体积越小，翅膀拍打的速度越快，而蜜蜂拍翅的频率竟高于体积远小于自己的果蝇，这显然为蜜蜂的飞行提供了很大的便利。

秘诀二：拍翅幅度小

蜜蜂每次拍翅的幅度只有90度，和其他昆虫相比逊色很多，不过它们可以根据实际情况调整拍翅幅度，以适应在飞行中遇到的不同状况。科学家又将蜜蜂放入氧和氦浓度很低的蜂箱中，蜂箱里面的空气稀薄得如同海拔9200米高空的水平，结果，蜜蜂迅速将拍翅幅度增加到近140度。

秘诀三：翅生加速度

1996年，科学家迪克逊建造了一个和蜜蜂一般大小的昆虫机器人，找出了蜜蜂飞行的最绝密武器。原来，蜜蜂拍打翅膀时，力量是有变化的，具体来说，蜜蜂每次拍翅的结尾力量最大，当翅膀的方向改变时，此力量还能产生加速度，这些都能大大提高蜜蜂上升的力量。

萤火虫发光之谜

太阳落下山坡，大地变得昏暗起来。忽然，草丛间、花园里、树林中亮起一盏盏小灯笼，打灯笼的光明使者便是萤火虫。

萤火虫猜灯谜

其实，萤火虫发光不是为了给小动物照亮回家的路，而是为了给自己行方便。

萤火虫不能说话，但可以通过“灯谜”进行交流。一般来讲，萤火虫发光是为了吸引异性、交换信息。在繁殖期间，雌虫会精准地算好时间间隔，以“亮——灭——亮——灭”的形式向雄虫发送“灯谜”。由于时间间隔短，人类很难猜出“灯谜”，雄虫却可以轻易地明了雌虫要表达的内容。它们收到信号后，迅速发出相应的亮光予以答复。接着，雌虫和雄虫便会飞到一起，结成配偶。

发光秘诀大揭秘

萤火虫的身体扁扁的，头部有两个半圆球形的眼睛，圆溜溜的像灯泡，前胸背板特别长，腹部有7～8节，末端下方有个发光器，“灯笼”的光就是从发光器发出来的。

萤火虫的发光器中含有荧光素，当萤火虫呼吸时，荧光素在荧光素酶的催化下，与氧气发生一连串的化学反应。反应过程中产生的能量，会以光的形式释放出来。就这样，萤火虫的“灯笼”便亮起来了。萤火虫一般会发出黄绿色的光，但有时也会发出橙色或者红色的光。光的颜色不同，是因为萤火虫体内荧光素酶的立体构造不同。

不怕烧屁股

灯笼虽然漂亮，但是手靠得太近便有灼烫感。萤火虫不用担心这个。原来，萤火虫释放出来的能量，绝大多数都转化成光能，只有极少的能量转化成热能。这点儿热量，对萤火虫来说，完全构不成伤害。

蚂蚁睡觉之谜

晚上写完作业后不久，妈妈便会劝我们早早上床休息，这一睡，就是七八个小时。和人类一样，蚂蚁也得睡觉。不同的是，不是所有的蚂蚁都能享受到睡长觉的权利。

倒霉的工蚁

蚂蚁王国等级森严，蚁后高高在上，享受各种服务；雄蚁唯一的任务是跟蚁后交配；有些种类有兵蚁，负责保卫家园；工蚁最可怜，没日没夜地工作，甚至连觉都睡不好。科学家通过研究火蚁的睡眠模式，发现蚂蚁王国中，连睡觉都分三六九等。

实验表明，火蚁蚁后平均每天要睡上9个小时，它可以沉沉地睡个长觉，也可以时不时打个盹。工蚁就惨了，每天的睡眠时间加起来也不过4个多小时，而且它们没资格睡长觉，只能打打盹，这4个小时就是将一天内几百次的打盹时间相加得出来的。

活活困死

睡眠质量与人体健康息息相关，蚂蚁也不例外。据统计，

蚁丘

蚂蚁幼虫

蚁后能活好几年，工蚁的寿命只有一年半载。工蚁短寿的原因是多方面的，但睡眠质量差无疑是非常重要的一项。

没空睡大觉

为什么工蚁不能美美地睡上几个小时呢？原来，蚂蚁王国每天都有大量的工作要完成，几乎任何时候都有活儿要干。为了王国的繁荣，工蚁只得一天80%的时间都处于工作状态，只有活儿少的时候，才能偷个懒，多睡一会儿。蚁后虽然懒散，但它的生死存亡关系着整个王国的命运，自然有资格多睡觉，其他蚂蚁也不会有意见。

蚁后也做梦

对蚁后来讲，睡长觉和打盹，有不同的睡姿。打盹时，触角有点儿弯，嘴微微张着；睡长觉时，触角完全收起来，嘴巴紧闭。不可思议的是，蚁后沉睡后也会做梦，其收起来的触角会时不时抖两下，正如人做梦的时候眼球会转动一样。

蜘蛛丝超强韧之谜

一到夏天，草丛里、枝条间、屋檐下……都会挂着许多蜘蛛网。蜘蛛网黏性很大，却不堪一击，轻轻一捅就会破。实际上，蜘蛛丝非同小可，光弹性就高得吓人。

蜘蛛网哪里来

蜘蛛腹部下面有几个小孔，这些小孔叫纺绩器。蜘蛛丝就是从纺绩器里出来的。蜘蛛丝在蜘蛛体内时，还是黏糊糊的液体，当钻出纺绩器，就会在空气中凝结成具有黏性的丝。不同的蜘蛛，织网的方式不尽相同，织成的网形状也不一样。需要说明的是，有的蜘蛛不织网。

超强的“钢筋”

美国亚利桑那州立大学的研究人员对金纺蜘蛛、北美园蛛、西方黑寡妇和草绿色猞猁蜘蛛进行了研究，结果发现，蜘蛛丝具有独一无二的机械强度和弹性，甚至可能是我们所知道的最牢固的材料。

从负重上看，蜘蛛丝至少是钢琴线的5倍。一根蜘蛛丝不过发丝一般粗细，但一束蜘蛛丝组成的绳子比同样粗细的不锈钢钢筋要强劲得多，能够承受比钢筋还多5倍的重量而不会被折断。

出色的“弹簧”

从弹性上看，一根细细的蜘蛛丝可以伸长两倍以上才会被拉断。此外，蜘蛛丝有“超收缩”功能，可以被蜘蛛编织成球体，还能吸收水分。最神奇的是，只要体内有丝浆，蜘蛛想抽多长的丝就能抽多长的丝。在条件允许的情况下，你可以一边喂蜘蛛，一边无限地拉扯它的丝。

谁造就了高性能

蜘蛛丝的主要化学成分是甘氨酸、丙氨酸、丝氨酸和酪氨酸，及其他氨基酸单体蛋白质分子链。

其中，蛋白质分子链居功至伟，它们分有规则和不规则两种。有规则的蛋白质分子链赋予蜘蛛丝超高的强度，不规则的蛋白质分子链则造就了蜘蛛丝的高弹性。

蚯蚓再生之谜

小蚯蚓很无聊，便把自己切成两段“打羽毛球”去了；蚯蚓妈妈也无聊，就把自己截成三段玩“编花篮”去了……这则笑话生动地说明了蚯蚓的再生能力。那么，为什么蚯蚓的身体断了还能活呢？

管子怪

蚯蚓长得很奇怪，尽管它们也有头、尾、口腔、内脏和肛门，但从外表上看，分明是由一截截的“管子”接在一起组成的。“管子”分为内外两条，一头是脑袋，另一头是尾巴；外面的“管子”是一环环连起来的体壁，里面的则是肌肉系统和一条消化道；内外“管子”之间的空腔是体腔，充满了体腔液。

断成两截也能活

糟糕，一条蚯蚓一不留神被切成了两截。科学家赶紧拿来研究工具，欣赏这场“复活秀”。只见蚯蚓的两截身体痛苦地扭动着，断面上的肌肉组织立即收缩，其中一

部分肌肉溶解，形成新的细胞团。同时，白细胞聚集在切面上，形成栓塞，使伤口迅速闭合。

其他部位也没闲着，位于体腔中隔里的原生细胞迅速迁移到切面上，与溶解的肌肉细胞一起，在切面上形成结节状的再生芽。而体内的消化道、神经系统、血管等组织的细胞，则通过大量的有丝分裂，向再生芽部位生长。随着细胞的不断增生，缺少头的一段的切面上，长出一个新的头来；缺少尾巴那一段的切面上，长出一条新的尾巴来。

就这样，一条蚯蚓变成了两条完整的蚯蚓。

断成三截能活吗

由上可知，小蚯蚓是可以变成两截去“打羽毛球”的。那么，蚯蚓妈妈能玩“编花篮”吗？

科学家曾将赤子爱胜蚓截成三段——有头无尾、无头无尾、有尾无头，最终三段都长成了新蚯蚓，只不过不同部位的再生能力不同。有头无尾那段再生能力最强，无头无尾那段次之，有尾无头那段的再生能力最弱。

动物趣闻

挪威南部多个城市曾下过一场“蚯蚓雨”。数千条蚯蚓突然从天而降，跌在雪地上时还在蠕动，吓坏了当地居民。有专家估计，这些蚯蚓是被龙卷风或大风卷上半空，然后再从空中掉下来的。

再生有条件

世界上有1800余种蚯蚓，不同种类的蚯蚓再生能力不同，我们常见的蚯蚓多是陆正蚓，它们的再生能力就很差。此外，即便是那些再生能力强的蚯蚓，也只有在适宜的条件下才能再生。

螃蟹横行之谜

螃蟹爪子多，铠甲硬，不光长得神奇，就连爬行都是“横行霸道”的。它们为什么不好好爬行呢？因为脾气不好吗？

瞧瞧它们的足

螃蟹有5对足，每只足都由一些小节组成，节与节之间由薄膜连在一起，关节只能上下活动，不能转动。第一对足叫螯，既是掘洞的工具，又是防御和进攻的武器。后面4对才是用来步行的。

横着走路很辛苦

我们走路总是后脚接前脚的，前脚迈出去了，后脚跟着上来，这很自然，也很简单。不过，前后移动对于螃蟹来讲就是“挑战自我”的极限动作了。

螃蟹的足和我们长在身体下面的脚不同，它们是长在螃蟹身体的两

侧的。我们走路的时候，大腿、膝盖和脚踝等部位要运动起来，螃蟹爬行也一样，足的关节也要动起来。不过，螃蟹的足关节只能往下弯和往上抬，并且方向固定，不能扭向前方，也不能向后方缩。所以，螃蟹只好横着行动。

螃蟹移动的幅度很小，而且每移动一下都很吃力，所以不该被大家嘲笑。

前行的异类

在蟹类中，不是所有的成员都是横行的。和尚蟹生活在潮间带沙土的地道里，退潮时出来活动，可以向前行走。寄居蟹整天赖在海螺壳里，从不交“房租”，这个“房子”住腻了，就会另寻一个海螺壳。它们行动自如，可以前行，还可以拐着弯走。此外，外形酷似蜘蛛的蜘蛛蟹是攀爬好手，它们也是前行的。

动物趣闻

椰子蟹是一种寄居蟹，体形硕大，体重最高可达6千克，是现存最大的陆生节肢动物。其外壳坚硬，有两只强壮有力的巨螯，是爬树高手，尤其善于攀爬笔直的椰子树。它们可以用强壮的双螯剥开坚硬的椰子壳，吃其中的果肉。

河豚料理之谜

河豚肉质嫩滑鲜美，是人们竞相品尝的美食。然而，很多人却说河豚是带有剧毒的邪恶料理。这究竟是怎么回事?

美味的“西施肝”

我国许多地区，自古就将河豚当作鲜美的食材。在2000多年前的吴越地区，吴王更是将河豚与美女西施相提并论，称河豚肝为“西施肝”，品尝河豚成了盛行一时的风气，绝不亚于当下的日本。

“邪恶料理”疯狂作案

1959年，日本的北九州市内有数人离奇死亡，经调查，这些人生前都食用了从越南捕获后在市场上销售的河豚，是被河豚体内的毒素毒死的。

2014年，在巴西的里约热内卢，一位家庭主妇用河豚做了一道美味

佳肴，她和10位亲朋好友均在享用这道美食时中毒，全身麻痹瘫痪。

河豚到底有没有毒

河豚虽然美味，但一些器官中的确含有剧毒。一般而言，毒性最大的是卵巢、肝脏，其次是肾脏、血液、眼睛、鳃和皮肤。不同种类的河豚，毒性的大小和毒素的分布部位有所区别。同一种类的河豚，生殖周期不同，毒性大小也不同，晚春初夏时的怀卵河豚毒性最大。

河豚毒素是一种无色针状结晶体，是自然界毒性最强的非蛋白物质之一，可使人神经麻痹、呕吐、四肢发冷，进而心跳和呼吸停止。

不要拼死吃河豚

河豚虽鲜美，却不可贸然食用，必须请有经验的厨师将鱼的内脏及其他有毒器官去掉，然后把河豚的肉一小块一小块地放进清水中漂洗，再反复煮烧，直至肉烂皮酥。总之，对待这道美食，一定要特别谨慎。否则，为了美餐一顿而搭上性命就得不偿失了。

表演“水上漂”的蛇怪蜥蜴

草上飞，水上漂，凌波微步，降龙十八掌……武侠小说里的招数数不胜数，但大多都是虚构的。不过，有些招数对人类而言可望而不可即，动物却可以轻而易举地完成。蛇怪蜥蜴就有“水上漂”的本事。

无师自通的真本领

武侠小说里那些神奇的招式要么是主人公拜师所得，要么是无意间从武功秘籍中所得。蛇怪蜥蜴不同，它这“水上漂”的功夫是无师自通的。确切来讲，是被大自然给逼出来的。

蛇怪蜥蜴生活在南美洲和中美洲的热带雨林里，为了保持体温，它们几乎每天都要出来晒太阳。然而，堂而皇之地享受日光浴，是要冒着生命危险的。比如，大型鸟类会从天上俯冲而来发动袭击，陆地动物则在周围展开攻势。为了保命，蛇怪蜥蜴进化出了“水上漂”的功夫，一旦发现

危险，它们就会匆忙跳进水里，从水面上飞速逃走，速度可达1.5米/秒。

“水上漂”的秘密

蛇怪蜥蜴为何能施展出“水上漂”的功夫来呢？研究人员赶赴距洪都拉斯首都特古西加尔巴60千米的雨林中，借助高清摄像机进行相关拍摄，并用慢镜头回放，从而解开了这个秘密。

蛇怪蜥蜴身材苗条，脚趾细长，脚底覆盖着鳞片，奔跑的速度很快。当它们的脚底接触到水面的时候，能够产生很大的横向力与气泡。在气泡破碎前，身体被气泡推动而向前跑，进而就漂起来了。原理看起来简单，但拍摄的过程十分艰难。因为蛇怪蜥蜴在水面上疾行时，80%的情况都是在逃生，常常转瞬即逝。研究人员必须集中精力并做好充足的准备，才能取得蛇怪蜥蜴“水上漂”的宝贵影像资料。

动物趣闻

有角蜥蜴的外形和蟾蜍很像，所以又叫角蟾。它们生活在沙漠里，有些种类在惊惧时，会从眼部的微小血管喷出血液攻击敌人。

吉拉毒蜥身体臃肿，体态笨拙，主要分布在美国，它们一出生就有可怕的毒液。

变色龙变色之谜

你见过这样的动物吗？它们一会儿变成绿色，一会儿变成灰色，一会儿又变成黄色，是当之无愧的“伪装高手”。这种动物就是变色龙。

变色大师

变色龙喜热，多生活在热带雨林或热带大草原中，在寒冷的地带很少见。它们在树枝或者草地上时，会变成和树叶、草一样的颜色；在地上爬来爬去的时候，又会变成和泥土一样的颜色……这样做好处多多，既可以轻松捕捉猎物，也可以伪装自己，让敌人察觉不到。此外，变色龙还可以通过变色来交流：当发现领地被侵犯时，雄性的体色会变亮；如果对前来求爱的雄性不满意，雌性的体色会变得暗淡且出现红色斑点，以示拒绝；如果两只变色龙的体色忽然变得很暗，便预示着它们之间即将发生一场恶斗。

变色的秘密

过去人们一直以为变色龙之所以能够变换体色，是因为它们皮肤表层的色素细胞中充满不同

颜色的色素，并受中枢神经系统的控制。近期一些科研人员称这种说法是错误的，变色龙其实是靠调节皮肤表面的纳米晶体，通过改变光的折射而变色的。

纳米晶体位于变色龙的虹细胞层，在色素细胞之下 。当变色龙处于平静的状态时，纳米晶体呈密集网状分布，折射出蓝光；而当变色龙处于兴奋的状态时，纳米晶体结构会变得松散，因此折射的光线呈黄色或红色等其他颜色。

科研人员发现变色龙还有更深一层的虹细胞。这些细胞可折射强光，相当于一层智能隔热板 。

虹细胞呈两层分布，这令变色龙的体色可以在有效保护色和鲜艳颜色间迅速转换，而其他爬行动物体内只有一种无法变色的虹细胞。

为什么大雁总是排队飞行

“秋天来了，天气凉了，一群大雁往南飞。一会儿排成‘一’字，一会儿排成‘人’字”……你有没有产生这样的疑问：大雁飞行，为什么总是排着队呢？

利用气流

鸟类在天空中飞行，不仅依靠翅膀扇动所产生的巨大下压抵抗力，还要依靠空中的气流。大雁就是利用气流的专家。

雁群前面的领头大雁的翅膀在空中划过时，翅尖上会产生一股微弱的上升气流，后面的大雁为了利用这股气流，就紧跟在前面大雁的翅尖后飞行。这样一只跟着一只，就排列成整齐的雁队了。利用这些上升气流，不仅能加快飞行速度，也能节省体力，利于长途飞行。

雁阵有讲究

大雁飞行时，为什么总是呈“一”字形或“人”字形呢？排成方

形、圆形、三角形不可以吗？

原因很简单，大雁迁徙时，要耗费很大体力，队伍里一些体力弱小的幼雁很容易掉队。排成“一”字形或“人”字形，队伍后面的大雁飞起来更轻松，整个雁群就不必为了照顾弱小者而休息多次了。排成其他队形，很难达到这个效果。

防御敌害

大雁排成队列飞行还能防御敌害。雁群总是由有经验的老雁当队长，飞在队伍的最前面。在飞行中，带队的大雁体力消耗得很厉害，因而它需要经常与别的大雁交换位置。幼雁和体弱的雁，大都插在队伍的中间。

不止有雁阵

除了大雁，许多迁徙的鸟都会结群飞行。在迁徙时，它们有固定的队形，一般有“人”字形、“一”字形和封闭群。“一”字形队又分为纵“一”字形和横“一”字形两类。体形较大的鸟在迁徙中通常采用“人”字或“一”字的队形，如雁形目等；体形较小的鸟通常采用封闭群，如雀形目等。封闭群的个体数量多少不一，多者如虎皮鹦鹉，群员达上万只。

鸵鸟真会把头伸进沙土里吗

"鸵鸟大，脑袋小，遇到危险撒腿跑。跑不了，也不怕，脑袋扎进土地下。嘿嘿嘿，敌人一下全没啦！"这首儿歌生动有趣，但对鸵鸟家族来说，却是莫大的羞辱。

鸵鸟效应

据说，当鸵鸟遇到危险时，就把头钻进沙堆里，自己什么也看不见，以为别人也看不到它们。这就是鸵鸟效应。人们以此来讽刺逃避现实、自欺欺人的心态和做法。事实上，鸵鸟将脑袋扎进沙土这种现象根本不存在。

鸵鸟不是傻大个

鸵鸟是现存体形最大的鸟，雄鸟身高可达2.75米，虽然不会飞，但跑得飞快，一步能跨过8米，时速可达70千米/小时。它们的家乡在澳大利

亚，一旦遇到敌人，它们只会做两件事，要么飞快地逃跑，要么与敌人打一架，绝不会干出将脑袋扎进沙土里的傻事。否则，它们不是束手就擒，就是被沙土憋死。它们如果真那么傻，早就在危机四伏的自然界灭绝了。

有危险的时候，鸵鸟一个个撒腿逃命；没危险的时候，它们也不会犯傻。不过，它们有时会把脑袋低低地贴着地面，远远看上去就像把脑袋埋进沙土中一样，由此让人们产生了误解。

低头可“隐身”

鸵鸟生活在炎热的沙漠地带，那里阳光照射强烈，从地面上升的热空气同低空的冷空气相交，会产生闪闪发光的薄雾。这时，它们会伸长脖子透过薄雾去查看周遭的环境，一旦发现敌情，就干脆将潜望镜似的脖子平贴在地面上，身体蜷曲成一团，用自己暗褐色的羽毛伪装成石头或灌木丛，加上薄雾的掩护，很难被敌人发现。

动物趣闻

鸵鸟的大腿粗壮有力，脚趾大而锋利，有时一脚能踢死一只狮子。

鸵鸟蛋是最大的鸟蛋，小鸵鸟刚孵化出来就有30厘米高，几乎马上就能奔跑。

成年鸵鸟喜欢瞭望，更多是为了保护鸟蛋和小鸵鸟。

为什么啄木鸟不会得脑震荡

“笃笃笃，笃笃笃”，你瞧，啄木鸟医生忙起来了。奇怪的是，它们啄木时头部受到的冲击力很大，却从不会得脑震荡。难不成它们长着“铜头铁骨”？

啄木为了啥

啄木鸟生活在树林里，最爱的工作是用尖尖的嘴巴敲击树干，为的是找到藏在树干里的虫子，以填饱肚子。它们通过“笃笃笃”的敲击声可以找到虫子躲藏的位置，然后啄开树皮，凿出一个洞，再将一条10多厘米长的舌头通过小洞伸进虫子的巢穴。它们舌头上的液体像强力胶水，舌尖上还有许多倒刺，能让害虫无处可逃。

啄木是个力气活儿

啄木鸟在啄食时，头部摆动速度约2092千米/小时，大大超过汽车的时速；啄木的频率约16次/秒，远非人类可及。啄木速度如此快，啄木鸟头部所受的冲击力也十分巨大，约等于其所受重力的1000倍，相当于太空

人乘火箭起飞所受压力的250倍。

解密过程不简单

在如此惊人的劳动强度下，啄木鸟也能安然无恙，显然要感谢身体的一些器官。那么，它们到底该感谢谁呢？研究人员为此展开了一系列的研究：

第一步，设定一个具体的观察位置，用传感器测试啄木鸟啄食的力度；

第二步，用两台高速摄像机捕捉啄木鸟啄食的镜头；

第三步，用尖端扫描技术获得啄木鸟头部内部结构的详细图像信息；

第四步，通过电脑模拟演示啄木鸟啄食过程中对头部产生的作用力。

脑子里的“硬”家伙

通过实验研究，研究人员终于找到了答案：啄木鸟的脑袋不受伤害，是三个因素综合作用的结果。

首先，啄木鸟的包围着整个头骨的舌骨结构起到了安全带的作用；其次，啄木鸟的头骨十分坚固，大脑周围有一层海绵状骨骼，内含液体，对外力能起到缓冲和消震的作用；第三，啄木鸟的蛛网膜下腔很窄小，脑脊液特别少，这样就减弱了震波的液体传动，从而缓解了对脑部的冲击。

公鸡打鸣之谜

天刚亮，公鸡先生就起来工作了。它不急不慢地走出房子，大翅膀一扇，轻松地跳到高高的木篱笆上，对着将要升起的太阳，“喔喔喔”地打起鸣来，简直比闹钟还准时。

重见光明真激动

很多人都怕黑，尤其是一些小朋友，一走夜路就心惊胆战，哪怕睡觉的时候也会亮着灯。怕黑的不仅是人类，在这一点上，不少鸟类和人类是共通的。

不是所有的鸟都能像猫头鹰那样成为“夜猫子”，很多鸟类在夜里是看不见东西的，鸡就是其中之一。天一黑，鸡便得找个安全的地方躲起来。次日一早，随着天渐渐变亮，鸡的视力逐渐恢复。在光线的刺激下，

公鸡很兴奋，为了宣泄这种激动的心情，便大声鸣叫起来。就这样，经过千万年的演化，公鸡体内形成了适应昼夜节律的生物钟，有了清晨打鸣的习性。很多鸟一到清晨就叽叽喳喳地叫个不停，也有这方面的原因。

科学家发现，公鸡打鸣的次数与光线刺激的强度呈正比。也就是说，光线越强，公鸡叫得越欢。

公鸡太操心

重见光明不论对公鸡还是母鸡来说，都是一件激动的事情，母鸡离开鸡窝后，也会“咕咕咕”地叫个没完。但相对而言，母鸡温和又低调，也不用操太多心，所以，就没必要大张旗鼓地打鸣了。

公鸡就不同了，它们天性好斗，作为鸡群的统帅，既要保护领地，又要防备其他公鸡骚扰母鸡，任务艰巨。打鸣不仅可以宣泄激动的心情，还可以告诫其他公鸡：“这是我的地盘，你们离远点儿，否则我就不客气了。”

此外，公鸡还能通过打鸣引起母鸡的注意。

为什么雄鸟一般比雌鸟漂亮

在人类社会中，和男孩相比，女孩更喜欢打扮，她们的衣服色彩缤纷、样式繁多。但在鸟类王国里就不同了，雄鸟的外表往往美丽耀眼，雌鸟则逊色多了。

雄性蓝极乐鸟

美鸟逐丑

又到了繁殖的季节，新几内亚岛上喧闹无比，极乐鸟为了找到配偶，忙得不可开交。

雄性蓝极乐鸟体态极为华美，一会儿仰头拱背，将蓬松而分披的饰羽高高竖起；一会儿脚攀树枝，全身倒挂，抖起美如锦缎的羽毛；炫耀外表的同时，还不忘唱起甜美的“情歌”。

雄性华美极乐鸟在求偶时会跳起“爱之舞”。它们张开的双翼像一张半椭圆形的黑色“幕布”，头顶的蓝色羽片缩为一对明亮的“蓝

眼睛”，胸部的蓝色胸盾则张成一道长条，美丽异常。

只是，不论雄性蓝极乐鸟，还是雄性华美极乐鸟，它们所追求的雌性都貌不出众。这是为什么呢？

雌性蓝极乐鸟

美为异性而生

雄鸟长得那么漂亮，都是为了给雌鸟看的，这是鸟类在长期进化中适应自然的结果。在鸟类王国里，漂亮的羽毛和清脆悦耳的叫声都是雄鸟吸引雌鸟的有效手段。在雌鸟眼里，雄鸟的羽毛越漂亮，身体就越健康，其后代也会越强健。举例来说，羽毛中常有寄生虫，羽毛漂亮就说明雄鸟抵抗寄生虫的能力强。

所以，一到繁殖季节，漂亮的雄鸟就会使出浑身解数去炫耀美丽，以获得雌鸟的青睐；雌鸟为了拥有健康的下一代，自然会遵从“以貌取人”的原则。由此可见，对雄鸟来说，朴素、谦虚、低调才是糟糕的性格，对生存竞争十分不利。

也有美丽的雌性

并非所有的鸟都是雄性美过雌性。在有些鸟中，雌性和雄性从外表上看，几乎没太大差别，如天鹅、鸽子、燕子、鹰等。这些鸟往往很忠贞，过着“一夫一妻制”的生活。而在有些鸟中，雌性比雄性美，如三趾鹑、彩鹬和瓣蹼鹬，雌性拥有更大的体形和更艳丽的羽毛。

孔雀开屏之谜

“头戴翡翠小花帽，身穿鲜艳五彩衣。常把尾巴展开来，夸耀自己多美丽。”这个谜语说的正是孔雀。不过，这个谜语中有个错误，看完下文，你就知道错在哪儿了。

白孔雀

雄性才开屏

在鸟类中，往往雄性更漂亮，孔雀也是一样。所以在揭晓答案前，我们首先要明白，只有雄孔雀才有艳丽的羽毛，能自然开屏。和雄孔雀相比，雌孔雀的羽毛颜色暗淡，尾巴短秃，都是“丑八怪”。

开屏可以获得爱情

很多人说孔雀开屏是为了炫耀。这种看法有一定的道理，只不过，孔雀炫耀的目标可不是游客和其他动物。雄孔雀开屏，是为了吸引异性的注意。动物学家告诉我们，春天是孔雀繁殖的季节，所以，每到春天，雄孔雀就会展开它们那五

彩缤纷、色泽艳丽的尾屏，还不停地做出各种各样优美的舞蹈动作，向雌孔雀展示自己的美丽，以此来吸引雌孔雀。待它们求偶成功之后，便与雌孔雀交配，然后雌孔雀才能产卵、孵化小宝宝。

孔雀开屏最多的时候是在3～4月，这个时候正是它们的繁殖季节。随着繁殖季节的过去，这种开屏现象就逐渐减少了。

开屏可以吓唬人

另外，孔雀开屏还是为了保护自己。在孔雀的大尾屏上，我们可以看到许多近似圆形的“眼状斑”，这种斑纹从内到外由紫、蓝、褐、黄、红等颜色组成。当孔雀遇到敌人但又来不及逃避时，它们便突然开屏，然后抖动起尾巴，这样，尾巴上的“眼状斑”便随之乱动起来。敌人害怕这个“多眼怪兽”，自然就不敢贸然前进了。

有人也许会问：为什么白孔雀的尾屏颜色那么单调呢？原来，白孔雀是人工繁育的野生蓝孔雀的变异品种，在野外森林中是找不到的，所以即使尾屏吓不到敌人，它们也不会在乎。

蛇吞象之谜

俗话说：人心不足蛇吞象。大象是陆地上最大的动物，再大的蛇也无法把一头成年大象吞进肚子里。不过，如果大蛇面对的是体形较小的幼象，吞进去就不是天方夜谭了。

蛇吞牛

在自然界中，蛇吞象的事情很少见，相对而言，蛇吞食鹿、羊、牛等大型动物的概率要大得多。

1982年10月21日，一条蟒蛇闯进香港的一个牛栏中，将一头刚出生4天、重约12千克的牛犊吞了下去，一不小心，把自己的胃撑破了。警方请来捉蛇专家，费了好一番功夫，才帮蟒蛇把牛犊吐了出来。

蛇吞狮子

蛇饿极了可不光会吞食鹿、牛这样的食草动物，有时连凶猛的大型食肉动物也不放过。

1981年，人们在非洲刚果的原始森林中，看到了蟒蛇吞食狮子的情

景。当时，一头狮子正在河边喝水，突然大吼一声，被一条10米多长的蟒蛇拖入水中。过了一会儿，蟒蛇浮出水面，腹部胀得很大，呈现出明显的狮子的轮廓。

蛇嘴如何吞大物

为什么蛇能吞下比自己的体形大很多的动物呢？这要归功于它们体内一套特殊的构造。

人的嘴巴只能张大到30度左右，蛇的嘴巴不同，是由韧带联结的，可以张大到130度，甚至180度。嘴巴张得足够大，吞下大动物便容易多了。另外，在吞食大动物之前，蛇会用身子紧紧缠绕猎物，把猎物挤成长条状，以便于吞进嘴里。其次，蛇下巴左右之间的骨头连接成可活动的榫头，以韧带相连，可以向两侧张大，而我们人类下巴处的骨头就没有榫头。此外，蛇没有胸骨，它们的肋骨可自由活动，从喉头咽下的食物可直接进入肚子。同时，蛇还能分泌大量唾液帮助其吞咽。

风险很大

对蛇而言，吞食大型动物容不得一点儿马虎，否则下场很惨：要么食物卡在口中，想吞吞不下，想吐吐不出，落得满口鲜血、牙折骨错的下场；要么被食物的刺、骨等扎伤内脏、体壁，轻则饱受重伤之苦，重则丢掉性命。

读者反馈卡

感谢您购买《探索天下 · 学生版　动物未解之谜》，祝贺您正式成为了我们的"热心读者"，请您认真填写下列信息，以便我们和您联系。您如有作品和此表一同寄来，我们将优先采用您的作品。

读者档案

姓名＿＿＿＿＿＿＿＿　年级＿＿＿＿＿＿＿＿

电话＿＿＿＿＿＿＿＿　QQ号码＿＿＿＿＿＿＿＿

学校名称＿＿＿＿＿＿＿＿＿＿＿＿＿＿＿＿

班级＿＿＿＿＿＿＿＿　邮编＿＿＿＿＿＿＿＿

通信地址＿＿＿＿＿省＿＿＿＿＿市（县）＿＿＿＿＿区（乡/镇）＿＿＿＿＿＿＿街道（村）

任课老师及联系电话＿＿＿＿＿＿＿＿　课本版本＿＿＿＿＿

您认为本书的优点是＿＿＿＿＿＿＿＿＿＿＿＿＿＿＿＿

您认为本书的缺点是＿＿＿＿＿＿＿＿＿＿＿＿＿＿＿＿

您对本书的建议是＿＿＿＿＿＿＿＿＿＿＿＿＿＿＿＿

＿＿＿＿＿＿＿＿＿＿＿＿＿＿＿＿＿＿＿＿＿＿＿＿

您在使用过程中发现的错误，可另附页。

联系我们：北教小雨文化传媒（北京）有限公司

地址：北京市北三环中路6号北京教育出版社

邮编：100120

联系人：北教小雨编辑部

联系电话：010-82012300

邮箱：beijiaoxiaoyu@163.com

*此表可复印或抄写寄至上述地址

请沿此虚线剪下

编者声明

本书的编选，参阅了一些报刊和著作。由于联系上的困难，我们与部分作者未能取得联系，谨致深深的歉意。敬请原作者见到本书后，及时与我们联系，以便我们按国家有关规定支付稿酬并赠送样书。

联系人：北教小雨编辑部

地　址：北京市北三环中路6号北京教育出版社

邮　编：100120

电　话：010-82012300